水体污染控制与治理科技重大专项
牡丹江流域水质保障研究系列丛书

基于水质改善的牡丹江流域经济发展模式研究

潘保原　杜慧玲　宋男哲　编著

中国建筑工业出版社

图书在版编目（CIP）数据

基于水质改善的牡丹江流域经济发展模式研究 / 潘保原，杜慧玲，宋男哲编著 . — 北京：中国建筑工业出版社，2019.5

（牡丹江流域水质保障研究系列丛书）

ISBN 978-7-112-23474-5

Ⅰ.①基… Ⅱ.①潘… ②杜… ③宋… Ⅲ.①流域—水质管理—关系—区域经济发展—研究—牡丹江 Ⅳ.① X832 ② F127.353

中国版本图书馆 CIP 数据核字（2019）第 047578 号

责任编辑：付　娇　石枫华　兰丽婷
责任校对：赵　颖

水体污染控制与治理科技重大专项
牡丹江流域水质保障研究系列丛书
基于水质改善的牡丹江流域经济发展模式研究
潘保原　杜慧玲　宋男哲　编著

*

中国建筑工业出版社出版、发行（北京海淀三里河路9号）
各地新华书店、建筑书店经销
北京点击世代文化传媒有限公司制版
北京建筑工业印刷厂印刷

*

开本：787×1092毫米　1/16　印张：9　字数：169千字
2019年9月第一版　2019年9月第一次印刷
定价：42.00元
ISBN 978-7-112-23474-5
（33773）

本书编委会

主　　编：潘保原　杜慧玲　宋男哲

副主编：于晓英　李广来　王凤鹭　董彭旭

编　　委：曲茉莉　孙伟光　李　晶　左彦东

　　　　　范元国　赵文茹　叶　珍　于振波

　　　　　耿　峰　刘侨博　孙准天　周　军

　　　　　李冬茹　张茹松　邢　佳

PREFACE

前言

　　产业发展是实现经济持续增长的推动力，同时也是产生环境污染的主要载体，产业结构调整与优化升级是减少污染排放、改善环境质量的重要举措，推动城市以最小资源投入、最小环境代价，稳定、均衡并可持续地提高竞争力。本书基于水环境保护的角度，从牡丹江流域治污减排的急迫需要出发，在分析流域水环境特征和水污染特点的基础上，按照地区行业、经济结构特性、污染源排放特性，研究牡丹江市产业变动过程中的环境变化，分析产业结构调整对牡丹江流域水质影响，评估经济活动对流域水环境的影响，并选择适合牡丹江流域的水环境指标纳入产业结构调整模型中，以此构建基于水环境保护的产业结构调整模型，提出产业结构调整优化方案，实现污染物源头削减，达到牡丹江干流水质得到全面改善的目标，促进牡丹江市地区经济与环境协调发展。

　　本书是在国家水体污染控制与治理科技重大专项课题（2012ZX07201002）的资助下，凝练而成的，是课题组集体智慧的结晶。在编写过程中，由黑龙江省生态环境厅、牡丹江市生态环境局、牡丹江市发展和改革委员会、牡丹江市水务局、牡丹江市统计局、牡丹江市环境监测中心站等单位提供了部分资料和数据，黑龙江省水专项管理办公室组织专家对本研究内容进行了多次深入评审，并提出修订建议，在此一并致谢！

　　本书可为北方寒冷地区流域产业结构调整优化提供有效的决策依据，供相关领域管理人员、技术人员参考。因编写人员的能力和水平有限，书中不足之处在所难免，敬请读者批评指正。

CONTENTS

目录

第1章
绪　论

　　经济发展模式，在经济学上是指在一定时期内国民经济发展战略及其生产力要素增长机制、运行原则的特殊类型，它包括经济发展的目标、方式、发展重心、步骤等一系列要素。通常所说的经济发展模式，指在一定地区、一定历史条件下形成的独具特色的经济发展道路，主要包括所有制形式、产业结构和经济发展思路、分配方式等。

　　在生产技术一定的条件下，经济发展战略的实现最终将受到本国可供利用资源的约束。从水资源的角度来看，我国是一个干旱缺水严重的国家。我国淡水资源总量为28000亿 m^3，占全球水资源的6%，仅次于巴西、俄罗斯和加拿大，名列世界第四位。但是，我国人均水资源量只有2300 m^3，仅为世界平均水平的1/4，是全球人均水资源最贫乏的国家之一。然而，中国又是世界上用水量最大的国家，仅2002年，全国淡水取用量达到5497亿 m^3，大约占世界年取用量的13%，是美国1995年淡水供应量4700亿 m^3 的约1.2倍；同时，水资源地域分布不均，总的来说南多北少；另外，我国还存在水资源开采利用难度大的特点。

　　在水资源严重短缺的情况下，我国的水体污染状况也非常严重。水体污染破坏了宝贵的水资源，使本来就十分紧张的水资源更加短缺；水体污染也具有很大的危害性，人们如果食用含有病原体或有毒有害物质的水或被污染的水产品、农产品，会引发疾病，甚至危及生命，或通过遗传殃及后代；水污染还直接影响工农业生产，一些工厂因水质污染引起产品质量下降甚至停产，造成经济损失，水产品和农作物因水体污染而减产或无法食用，给渔业和农业生产带来很大损失。由于水资源的地区分布不平衡，加上砍伐森林、采矿、城市化、过度抽取地下水、严重的水体污染等因素，导致了水质的恶化和供应的困难。目前占世界人口40%的80个国家已经陷入严重缺水的困境，一些国家和地区甚至为水而战。

　　水资源短缺和水体污染已经成为我国许多地区国民经济和社会发展的主要制约因素。区域在经济发展过程中，由于选择了不同的经济发展道路，其对环境产生的影响会有很大差别。我国正处于工业化中后期，经济增长的主要动力来自第二产业的增长，经济发展还严重依赖高能耗、高污染的产业。传统污染型产业,如钢铁、水泥、有色金属、煤炭、石油化工、电力、交通运输等仍在快速发展,结构性污染突出。

在经济发展模式中,对水环境产生重大影响的是经济发展方式,从环境与经济发展方式的关系上看,主要经历了三个阶段:只追求经济增长而忽略环境、积极保护环境的零增长方式、可持续发展。其中,产业结构的演变对环境的影响具有更加深刻的、不可逆的影响。产业发展是实现经济持续增长的推动力,同时也是产生环境污染的主要载体,产业结构调整与优化升级是减少污染排放、改善环境质量的重要举措。进入 21 世纪,中国逐步加大产业结构调整步伐,相继出台产业结构调整目录。在国家政策大背景下,各地区纷纷加大产业结构调整力度,不同程度地明确了调优、调高、调轻、调绿的产业发展目标,旨在大力推动区域经济与环境保护的协调、可持续发展。全球化背景下城市产业的发展,需要考虑其在全球城市体系中的等级位置,城市发展战略、产业政策、环境政策的制定不能以是否严格来评价,而在于环境政策是否与城市自身对产业价值链条某个关键环节相适应,城市政策制定(包括城市发展计划、行业规划、产业政策和环境政策)需要找到合理的结合点,推动城市以最小资源投入、最小环境代价,稳定、均衡并可持续的提高竞争力,而不是以牺牲环境为代价促进经济高速发展,或者陷于环境保护论而裹足不前,影响地方经济发展。

本书基于水环境保护的角度研究牡丹江流域产业变动过程中的环境变化,进而研究经济与环境的互动关系,并选取适合牡丹江流域特点的水环境指标纳入产业结构调整模型中,以此构建基于水环境保护的产业结构调整模型,对牡丹江的产业结构调整建言献策,促进牡丹江地区经济与环境协调发展。

1.1 研究区域概况

1.1.1 流域概况

牡丹江为松花江第二大支流,发源于吉林长白山的牡丹岭。河流呈南北走向,全长 726 km,总落差 1007 m,平均坡降为 1.39‰。牡丹江流域分属黑龙江、吉林两省,流域总面积为 37023 km^2,其中黑龙江省境内流域面积 28543 km^2,占流域总面积的 77%。自南向北流经吉林省的敦化市、黑龙江省的宁安市、海林市、牡丹江市、林口县、依兰县等市县,最后于依兰县城西流入松花江。牡丹江河口处多年平均流量为 258.5 m^3/s,多年平均径流量 52.6 亿 m^3,最大径流量 149 亿 m^3,约占松花江水系总径流量的 10%。牡丹江流域水系情况见图 1-1。

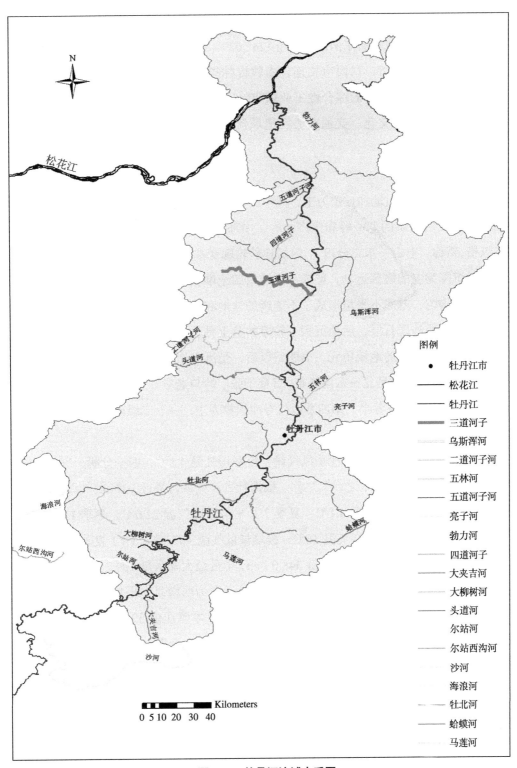

图 1-1 牡丹江流域水系图

图例

- 牡丹江市
- 松花江
- 牡丹江
- 三道河子
- 乌斯浑河
- 二道河子河
- 五林河
- 五道河子河
- 亮子河
- 勃力河
- 四道河子
- 大夹吉河
- 大柳树河
- 头道河
- 尔站河
- 尔站西沟河
- 沙河
- 海浪河
- 牡北河
- 蛤蟆河
- 马莲河

1.1.1.1　地理位置

牡丹江市位于黑龙江省东南部，东经 128° 02′ ~ 131° 18′、北纬 43° 24′ ~ 45° 59′，北部和西部与哈尔滨市、鸡西市相连，南邻吉林省的敦化市和汪清县，东部与俄罗斯接壤，是黑龙江省重要的综合性工业城市、对俄经贸城市和旅游城市，也是黑龙江省东南部的经济、文化、交通中心，流域流经市区及宁安市、海林市、林口县 3个县（市）。

1.1.1.2　地形地貌

牡丹江市地形以山地和丘陵为主，呈中山、低山、丘陵、河谷盆地 4 种地貌类型，东西两侧为长白山系的老爷岭和张广才岭，中部为牡丹江河谷盆地，山势连绵起伏，河流纵横，俗称"七山一水二分田"。区域地貌轮廓受基岩地质构造和新构造运动控制。第四纪以沉降为主的震荡运动，形成一个被第四纪堆积物填充的继承性沉降盆地。由于沉降的不均匀，基底不平坦形成了不连续的洼地和小的隆起，第四纪初期，接受了大量冰水堆积的沙砾石层，后期沉积了较厚的黄土黏土，构成了土壤母质，形成剥蚀堆积的两种不同成因的地貌单元，第四纪以后，受流水作用的侵蚀，形成了河谷、漫滩、阶地。牡丹江干流呈北—东向展布，贯穿于张广岭与老爷岭之间，属中年河流，"V"形河谷和"箱"形河谷各半，第四系以河谷冲积物为主，一、二级阶地少见。

1.1.1.3　气候

牡丹江地区属中温带大陆性季风气候，年平均气温 4.1℃，四季分明，气候宜人，素有"塞北江南"和"鱼米之乡"之称。根据牡丹江气象台最近 10 年的气象资料统计如下：（1）气温：年平均气温 4.1℃，夏季 7 月平均最高气温 22.0℃，冬季 1 月平均最低气温为 –18.5℃，极端最高气温 36℃，极端最低气温 –37.1℃。（2）夏季一般相对湿度 75%。（3）降水量：月最大降水量 348.0 mm，1 月最大降水量 129.2 mm，一小时最大降水量 62.5 mm。（4）风向与风速：全年主导风向为西南风，平均风速 2.4 m/s，最大风速 27.0 m/s。（5）其他：全年最大雪深 39 cm，基本雪压值 33 kgf/m²；最大冻土深度 191 cm；年平均雷电日 28.9 d；全年日照时数 2558.6 h；无霜期 132 d。

1.1.1.4　土地与植被

牡丹江市土地总面积 405.83 万 hm²，其中耕地面积 65.11 万 hm²，占土地总面积 16.04%；林地 305.37 万 hm²，占土地总面积 75.25%；牧草地 4.42 万 hm²，占土地总面积 1.09%；其他农用地 2.89 万 hm²，占土地总面积 0.71%；居民点及工矿用地 6.41 万 hm²，占土地总面积 1.58%；交通运输用地 0.91 万 hm²，占土地总面积 0.22%；水利设施用地 1.33 万 hm²，占土地总面积 0.33%。牡丹江市地处山区，地貌复杂，地形多样，森林茂密，土质肥沃，水源充足，气候适宜，为农、林、牧、副、渔业发展创造了有利条件。沿江河平原区，地势平坦，耕地集中连片，水源条件好，是全市水稻主要产区，其中宁安市渤海镇"响水大米"是全国闻名的优质大米。山区森林茂盛，木材蓄积量大，珍贵树种多，是黑龙江省主要木材生产基地。

牡丹江市森林覆盖率 62.31%，森林活立木蓄积 2.1 亿 m^3，人工林蓄积 0.4 亿 m^3，是黑龙江省森林环境林木生长条件最好的地区之一。树种有 25 科百余种，主要优质木材有红松、云杉、冷杉、落叶松、樟子松、水曲柳、黄菠萝、胡桃楸、椴、桦、柞、黄榆等。牡丹江林区是土特产资源较为丰富的地区之一，有各种可开发利用的野生经济植物 2200 余种。

1.1.1.5 牡丹江水环境功能区划

牡丹江流域水环境功能区划主要执行Ⅱ类和Ⅲ类标准。各段功能区类别详见表1-1。

牡丹江流域水环境功能区划表　　　　　　　表 1-1

水系	水体	水域	长度/面积（km）	控制城镇	现状使用功能	规划主导功能	功能区类型	水质目标	断面名称
松花江流域	牡丹江干流	入黑龙江省界—果树场	52	敦化市	渔业用水	饮用水水源	饮用水水源保护区	Ⅲ	老孤砬子
松花江流域	牡丹江干流	果树场—宁安镇	79	渤海镇	饮用水	饮用水水源	饮用水水源保护区	Ⅱ	果树场
松花江流域	牡丹江干流	宁安镇—小莫	40.5	宁安市	农业用水	农业用水	农业用水区	Ⅲ	宁安
松花江流域	牡丹江干流	小莫—海浪公路桥	6	宁安市	饮用水	饮用水水源	饮用水水源保护区	Ⅱ	海浪
松花江流域	牡丹江干流	海浪公路桥—柴河铁路桥	35	牡丹江市	农业用水	农业用水	农业用水区	Ⅲ	江滨大桥
松花江流域	牡丹江干流	柴河铁路桥—电站大坝	99	牡丹江市	景观用水	景观娱乐用水	景观娱乐用水区	Ⅲ	柴河铁路桥
松花江流域	牡丹江干流	电站大坝—花脸沟	28.5	林口县	农业用水	农业用水	农业用水区	Ⅲ	花脸沟
松花江流域	牡丹江干流	花脸沟—入松花江	100	依兰	工业旅游	渔业用水	渔业用水区	Ⅲ	牡丹江口内
松花江流域	海浪河	海林镇以上	200.7	海林市	饮用水	饮用水水源	饮用水水源保护区	Ⅱ	长汀

水系	水体	水域	长度/面积（km）	控制城镇	现状使用功能	规划主导功能	功能区类型	水质目标	断面名称
松花江流域	海浪河	海林镇—海南桥	10.8	海林市	农业用水	农业用水	农业用水区	Ⅲ	海南桥
松花江流域	海浪河	海南桥—入牡丹江口	5.5	海林市	饮用水	饮用水水源	饮用水水源保护区	Ⅱ	海浪河入江口
松花江流域	乌斯浑河	林口镇以上	43	林口县	饮用水	饮用水水源	饮用水水源保护区	Ⅱ	龙爪
松花江流域	乌斯浑河	林口镇以下	98	林口县	农业用水	农业用水	农业用水区	Ⅲ	东关

1.1.1.6 社会经济

牡丹江市于 1937 年建市，1983 年实行市辖县体制，现辖绥芬河、海林、宁安、穆棱、东宁 5 个县级市和林口县。市区设有东安、西安、爱民、阳明 4 个区。全市有 76 个乡（镇）、1268 个行政村。牡丹江市总人口 264.6 万人，其中牡丹江流域内人口 216.5 万人。

牡丹江市农业人口 117.3 万人。耕地面积 30.3 万 hm²，农业人口人均耕地 0.3 hm²。粮食作物主要品种有玉米、水稻、小麦、大豆，2013 年粮食总产达 272.7 万 t。多种经营项目多、效益高，经济作物主要品种有甜菜、烟叶、蔬菜瓜果，其中果树 1.5 万 hm²，年产果 2.6 万 t；烤晒烟 1.9hm²，烟叶总产量 3.6 万 t。畜牧业、水产业发展较快。大牲畜存栏 58 万头，生猪存栏 60.8 万头，年水产品产量 1.08 万 t。全市农村经济总收入 128 亿元；多种经营收入 102.3 亿元；农业总产值 321.9 亿元。

牡丹江市是重要的旅游城市，发展前景十分可观，有冰雪、森林、湖泊、口岸、民族文化、自然生态景观等八大类旅游资源。牡丹江市把旅游业作为一个支柱产业给予扶持，1997 年全市旅游总人数达到 160.4 万人次，总收入达到 4.3 亿元。

2012 年以来，全市经济总量和财政收入"超千破百"（GDP1000 亿、全口径财政收入 100 亿），2012 年经济总量首次达到 1092.7 亿元，2011 年全口径财政收入超过 100 亿元，达到 117 亿元。城镇居民人均可支配收入达到 19320 元，农民人均纯收入达到 12181 元，连续 12 年居省首位。同时牡丹江市是全省和全国对俄经贸大市。

1.1.2 资源条件

1.1.2.1 区位特色

牡丹江东与俄罗斯滨海边疆区接壤，南与吉林省延吉市毗邻，是东北"丁字形"

铁路干线起点，位于中国最长的骨干公路"同三公路"起步段，是黑龙江省距离出海口最近的城市。境内有绥滨、牡佳、牡图3条铁路通过，G11、G10两条国道纵横贯通，商贸物流辐射黑龙江省东部、延吉和俄滨海边疆区，是全国首批、黑龙江省唯一的"全国流通领域现代物流示范城市"，是东部陆海丝绸之路经济带的重要通道。

1.1.2.2 生态特色

牡丹江市沿边近海、生态优良。距离日本海的直线距离只有228 km，在海洋性和大陆性气候的滋润下，牡丹江四季分明，春可采摘、夏可避暑、秋可观山、冬可玩雪，特别是比之哈尔滨，牡丹江的冬天寒而不冷、温情脉脉，夏天热而不酷、清爽宜人，素有"塞外江南"、"鱼米之乡"的美誉。全市森林覆盖率达到了62.31%，负氧离子含量每立方厘米平均在6000左右。优良的生态环境盛产优质的农副产品，响水大米是千年贡米，松茸、黑木耳等绿色有机食用菌产品占据全国1/3的市场。

1.1.2.3 开放特色

牡丹江市边境线长211 km，有4个国家一类口岸，年过货能力1200万t、过客能力250万人次，是虎林吉祥口岸、密山档壁镇口岸和吉林珲春口岸扇形口岸群的轴心。对俄贸易额占黑龙江省1/3以上，始终居全国地级城市首位。目前，正以牡丹江—海参崴陆海联运大通道建设为核心，以建设国际内陆港，构建"牡符乌"跨境产业合作区，深化中俄人文交流合作为切入点，全力打造东部陆海丝绸之路经济带先导区。

1.1.2.4 文化特色

牡丹江市是多民族融合之地，现有38个少数民族，是满族的发祥地，也是全国第二大朝鲜族聚居地。建市时间虽然较短，但城市文化底蕴深厚。莺歌岭、宁古塔文化、恢宏悲壮的革命历史文化和百年对俄交流文化相互交融，不同的风土人情造就了牡丹江独特的民风民俗，使牡丹江成为开放度高、包容度高、思想比较活跃和开放的地区。

1.1.2.5 资源特色

牡丹江市有41种矿产已探明储量，可大规模开发利用的达31种。水能、风能蕴藏量丰富，是我国北方风电之乡、黑龙江"北电南输"载能基地，俄远东地区木材、铁矿石等资源大量经绥芬河、东宁口岸出口到我国。市内有镜泊湖、中国雪乡、唐渤海国遗址等景区景点450多处。

1.1.2.6 发展特色

历经1990年代以前的发展辉煌期、1992年以来的低速徘徊期，近5年来，牡丹江市经济步入了高速发展期，2014年，固定资产投资、公共财政预算收入、地区生产总值、规模以上工业增加值分别是2010年的2.13、2.05、1.7、1.9倍，经济总量列哈尔滨、大庆之后居全省第 3 位。农民人居纯收入连续 12 年居全省首位。全市规模以上工业企业 467 户，初步形成了装备制造、造纸等六大主导产业，新能源、新材料等六大新兴产业，正在打造食品医药生物、智能装备制造等产业集群。

2015 年，全市地区生产总值实现 1186.3 亿元，增长 6.8%；固定资产投资实现 1019.5 亿元，增长 10.5%；规模以上工业增加值实现 264.3 亿元，增长 4.5%；社会消费品零售总额实现 501.8 亿元，增长 10.8%；进出口总额实现 48.9 亿美元，下降 59.2%；公共财政预算收入完成 107.4 亿元，下降 23.6%；城镇常住居民人均可支配收入达到 26673 元，增长 7.8%；农民人均纯收入达到 14711 元，增长 6.7%。万元 GDP 综合能耗下降 4.01%，超额完成四种主要污染物减排任务。固定资产投资、社会消费品零售总额、城镇常住居民人均可支配收入增速居全省第一位，地区生产总值、规上工业增加值增速居全省第二位。

1.1.3 牡丹江市经济地位

1.1.3.1 牡丹江市经济及污染物排放位置

从 2011 ～ 2015 年牡丹江市国民生产总值在全省的位置来看，2012 年开始，牡丹江市排名降低 1 位，但是 GDP 与第 4 名的绥化市相差不大。从污染物排放量上来看，废水排放量、COD 排放量和氨氮排放量的位置与 GDP 排名持平或者低 1 ～ 2 位，见表 1-2。说明牡丹江市经济在全省的地位还是比较靠前，其排放水平与经济发展相当。

从 2011 ～ 2015 年牡丹江市污染物排放强度来看，废水排放强度、COD 排放强度和氨氮排放强度均处于全省后 3 名的位置，说明牡丹江市在发展经济的同时也注重了环境保护的投入，其污染治理水平比较高。

牡丹江市经济在全省的位置及污染物排放强度在全省中的位置　　　　表 1-2

年份	GDP	废水排放量	COD排放量	氨氮排放量	废水排放强度	COD排放强度	氨氮排放强度
2011	4	8	7	6	12	12	11
2012	5	6	6	5	11	12	11
2013	5	5	7	5	11	12	11
2014	5	5	6	5	11	12	11
2015	5	5	6	5	11	12	11

1.1.3.2 工业行业工业总产值及污染物排放情况

从表 1-3 的分析中可以看出，牡丹江市工业总产值超过 10 亿元的行业包括：石油加工、炼焦和核燃料加工业（首控石油、亿丰煤气）、电力、热力生产和供应业（华电能源、牡丹江热电等21家)、造纸和纸制品业(恒丰、大宇等8家)、金属制品、机械和设备修理业(哈尔滨铁路局牡丹江机务段)、橡胶和塑料制品业(桦林佳通轮胎)、非金属矿物制品业(林大石墨)、烟草制品业(海林卷烟厂)。工业用水量最大的行业是电力行业,年用水3.6亿t,其次为化学原料和化学制品制造业以及造纸和纸制品业;工业废水排放量最大的行业为造纸和纸制品业;COD和氨氮排放量最大的行业包括食品加工与造纸和纸制品业。从行业发展水平上看,造纸行业、石油加工行业、橡胶制品业是牡丹江市发展的支柱产业,但产业规模不大,结构不优,同时也是用水和排污较多的行业。化学原料和化学制品制造业规模比较小,但是对环境的污染却比较严重。牡丹江市在经济发展中没有形成规模化、集团化的产业格局,产业链短、新兴产业和高新技术产业还没有起步。从区域发展水平上看,牡丹江市工业经济仍然处于工业化发展中期水平,地方经济有进一步提升的空间。

2012年牡丹江市各行业工业总产值、用水及污染物排放量 表1-3

行业	工业总产值 (亿元)	工业用水量 (万t)	新鲜用水量 (万t)	工业废水 排放量(万t)	COD 排放量(t)	氨氮 排放量(t)
石油加工、炼焦和核燃料 加工业	25.54	129.33	118.70	100.41	351.45	3.00
电力、热力生产和供应业	25.06	36037.09	2429.77	27.54	15.82	0.68
造纸和纸制品业	21.72	1869.66	963.81	841.48	1700.52	33.89
金属制品、机械和设备 修理业	16.98	26.18	15.87	5.71	1.82	0.20
橡胶和塑料制品业	16.06	1887.18	170.00	153.00	122.00	6.21
非金属矿物制品业	11.89	140.67	47.21	31.84	47.62	6.60
烟草制品业	10.05	30.25	28.27	18.66	73.29	0.27
医药制造业	7.34	8.04	7.28	2.72	2.13	0.15
其他制造业	6.42	14.70	12.28	12.18	10.70	0.74
酒、饮料和精制茶制造业	6.14	417.30	362.30	280.80	519.38	3.97
农副食品加工业	4.31	651.10	415.06	257.47	2736.18	11.27
铁路、船舶、航空航天和 其他运输设备制造业	4.18	81.00	65.00	18.00	16.38	0.43
汽车制造业	3.37	6.70	3.90	0.00	0.00	0.00
化学原料和化学制品制造业	3.31	3260.54	153.64	133.21	145.47	11.99
木材加工和木、竹、藤、棕、 草制品业	1.64	7.75	5.55	4.35	4.68	0.26
煤炭开采和洗选业	1.36	272.00	166.00	144.00	78.00	2.92

行业	工业总产值（亿元）	工业用水量（万t）	新鲜用水量（万t）	工业废水排放量(万t)	COD排放量（t）	氨氮排放量（t）
黑色金属冶炼和压延加工业	0.81	230.25	16.25	0.59	0.53	0.04
通用设备制造业	0.40	0.00	0.00	0.00	0.00	0.00
黑色金属矿采选业	0.29	145.20	30.80	19.28	17.35	1.54
计算机、通信和其他电子设备制造业	0.25	0.24	0.18	0.00	0.00	0.00
非金属矿采选业	0.01	5.46	1.60	0.00	0.00	0.00

1.1.3.3 工业行业工业总产值及污染物排放强度

从表1-4的分析可以看出，牡丹江市单位总产值工业用水量最大的行业为电力行业，达到1438 t/万元，其次为化学原料和化学制品制造业，985 t/万元，电力行业水重复利用率较高，新鲜用水量仅为97 t/万元，新鲜用水量强度最大的行业为非金属矿采选业，其次为煤炭开采和洗选业；废水排放强度最大的行业为煤炭开采和洗选业，达到106 t/万元，其次为黑色金属矿采选业、农副食品加工业、酒、饮料和精制茶制造业和造纸；COD排放强度最大的行业为农副食品加工业，达到64 kg/万元，其次为造纸和纸制品业和酒、饮料和精制茶制造业；氨氮排放强度最大的行业为黑色金属矿采选业，达到0.539 kg/万元，其次为化学原料和化学制品制造业和造纸和纸制品业；对比流域整体水平，牡丹江市多数行业的用水强度优于全流域水平，废水排放强度只有6个行业超过了平均水平，氨氮排放强度多数行业优于平均水平。

2012年牡丹江市各行业工业总产值、用水及污染物排放强度 表1-4

行业类别	工业总产值（亿元）	工业用水强度（t/万元）	新鲜用水强度（t/万元）	工业废水排放强度（t/万元）	COD排放强度（kg/万元）	氨氮排放强度（kg/万元）
石油加工、炼焦和核燃料加工业	25.54	5.06	4.65	3.93	1.376	0.012
电力、热力生产和供应业	25.06	1437.99	96.96	1.10	0.063	0.003
造纸和纸制品业	21.72	86.09	44.38	38.74	7.830	0.156
金属制品、机械和设备修理业	16.98	1.54	0.93	0.34	0.011	0.001
橡胶和塑料制品业	16.06	117.49	10.58	9.52	0.760	0.039
非金属矿物制品业	11.89	11.83	3.97	2.68	0.400	0.055
烟草制品业	10.05	3.01	2.81	1.86	0.729	0.003

行业类别	工业总产值（亿元）	工业用水强度（t/万元）	新鲜用水强度（t/万元）	工业废水排放强度（t/万元）	COD排放强度（kg/万元）	氨氮排放强度（kg/万元）
医药制造业	7.34	1.10	0.99	0.37	0.029	0.002
其他制造业	6.42	2.29	1.91	1.90	0.167	0.012
酒、饮料和精制茶制造业	6.14	67.99	59.03	45.75	8.462	0.065
农副食品加工业	4.31	151.23	96.40	59.80	63.551	0.262
铁路、船舶、航空航天和其他运输设备制造业	4.18	19.40	15.57	4.31	0.392	0.010
汽车制造业	3.37	1.99	1.16	0.00	0.000	0.000
化学原料和化学制品制造业	3.31	985.47	46.44	40.26	4.397	0.363
木材加工和木、竹、藤、棕、草制品业	1.64	4.72	3.38	2.65	0.285	0.016
煤炭开采和洗选业	1.36	199.59	121.81	105.66	5.724	0.214
黑色金属冶炼和压延加工业	0.81	284.26	20.07	0.73	0.065	0.005
通用设备制造业	0.40	0.00	0.00	0.00	0.000	0.000
黑色金属矿采选业	0.29	507.69	107.69	67.43	6.066	0.539
计算机、通信和其他电子设备制造业	0.25	0.97	0.73	0.00	0.000	0.000
非金属矿采选业	0.01	591.33	173.35	0.00	0.000	0.000
平均水平		213.38	38.70	18.43	4.78	0.08
合计	167.12					

从表1-5工业总产值过亿企业名单上来看，牡丹江市工业总产值超过亿元的有24家，其工业总产值占到所有统计企业的92%。首控石油是唯一一家产值过20亿元的企业，产值超过10亿元但低于20亿元的有华电能源、佳通轮胎、恒丰纸业、牡丹江机务段4家企业，产值超过5亿元但低于10亿元的有海林卷烟厂等5家企业。

2012年牡丹江市工业总产值过亿企业名单　　　　　　　　　表1-5

排序	企业名称	所在地区	工业总产值（当年价格）/（万元）
1	牡丹江首控石油化工有限公司	爱民区	238600.00
2	哈尔滨铁路局牡丹江机务段	爱民区	169786.00
3	华电能源股份有限公司牡丹江第二发电厂	阳明区	168428.00
4	桦林佳通轮胎有限公司	阳明区	160631.00

续表

排序	企业名称	所在地区	工业总产值（当年价格）/（万元）
5	牡丹江恒丰纸业有限责任公司	阳明区	152621.50
6	黑龙江烟草工业有限责任公司海林卷烟厂	海林市	98172.00
7	牡丹江北方水泥有限公司	西安区	76368.00
8	牡丹江友博药业股份有限公司	爱民区	56000.00
9	黑龙江北方工具有限公司	阳明区	54094.00
10	百威英博（牡丹江）啤酒有限公司	爱民区	53680.80
11	牡丹江金缘钩缓制造有限责任公司	阳明区	41758.00
12	牡丹江热电有限公司	东安区	40309.00
13	大宇制纸有限公司	阳明区	39442.00
14	牡丹江富通汽车空调有限公司	西安区	33680.00
15	黑龙江倍丰农业生产资料集团宁安化工有限公司	宁安市	27153.30
16	牡丹江亿丰城市煤气有限责任公司	爱民区	16836.20
17	牡丹江天马水泥有限公司	宁安市	16658.00
18	海林市林海雪原食品有限公司	海林市	14000.00
19	林口沈阳煤业（集团）有限责任公司	林口县	13628.00
20	牡丹江斯达造纸有限公司	阳明区	13000.00
21	牡丹江市鑫鹏肉业有限责任公司	宁安市	12980.00
22	牡丹江新华供热有限公司	爱民区	10224.00
23	牡丹江灵泰药业股份有限公司	爱民区	10208.00
24	牡丹江金钢钻碳化硼有限公司	阳明区	10071.00

1.2　产业结构调整理论概述

1.2.1　产业结构及划分

产业结构是指各产业的构成及各产业之间的联系和比例关系。各产业部门的构成及相互之间的联系、比例关系不尽相同，对经济增长的贡献大小也不同。因此，把包括产业的构成、各产业之间的相互关系在内的结构特征概括为产业结构。

产业结构，亦称国民经济的部门结构，是国民经济各产业部门之间以及各产业部门内部的构成。社会生产的产业结构或部门结构是在一般分工和特殊分工的基础上产生和发展起来的。研究产业结构，主要是研究生产资料和生活资料两大部类之间的关系；从部门来看，主要是研究农业、轻工业、重工业、建筑业、商业服务业等部门之间的关系，以及各产业部门的内部关系。我国采用三次产业分类法，这种分类法是根据社会生产活动历史发展的顺序对产业结构的划分。产品直接取自自然界的部门称为第一产业，对初级产品进行再加工的部门称为第二产业，为生产和消费提供各种服务的部门称为第三产业。这种分类方法在世界上较为通用。

我国的三次产业划分是：第一产业：农业，包括种植业、林业、牧业、渔业和农林牧渔服务业；第二产业：工业，包括采掘业，制造业，电力、煤气、水的生产和供应业和建筑业；第三产业：除第一、第二产业以外的其他各业。根据我国的实际情况，第三产业可分为两大部分：一是流通部门，二是服务部门。

具体可分为四个层次：第一层次：流通部门，包括交通运输、仓储及邮电通信业，批发和零售贸易、餐饮业；第二层次：为生产和生活服务的部门，包括金融、保险业，地质勘查业、水利管理业，房地产业，社会服务业，农、林、牧、渔服务业，交通运输辅助业，综合技术服务业等；第三层次：为提高科学文化水平和居民素质服务的部门，包括教育、文化艺术及广播电影电视业，卫生、体育和社会福利业，科学研究业等；第四层次：为社会公共需要服务的部门，包括国家机关、政党机关和社会团体以及军队、警察等。

1.2.2 产业之间的结构变化趋势

1.2.2.1 三产之间的结构变化趋势

第一产业的增加值和就业人数在国民生产总值和全部劳动力中的比重，在大多数国家呈不断下降的趋势。在1960年代以前，大多数国家第二产业的增加值和就业人数占国民生产总值和全部劳动力的比重是上升的。但进入1960年代以后，美、英等发达国家工业部门增加值和就业人数在国民生产总值和全部劳动力中的比重开始下降，其中传统工业的下降趋势更为明显。直至1970年代，在一些发达国家，如英国和美国，第一产业增加值和劳动力所占比重下降的趋势开始减弱。第三产业的增加值和就业人数占国民生产总值和全部劳动力的比重各国都呈上升趋势。1960年代以后，发达国家的第三产业发展更为迅速，所占比重都超过了60%。

从三次产业比重的变化趋势中可以看出，世界各国在工业化阶段，工业一直是国民经济发展的主导部门。发达国家在完成工业化之后逐步向"后工业化"阶段过渡，高技术产业和服务业日益成为国民经济发展的主导部门。

1.2.2.2 工业内部各产业的结构变化趋势

工业化可分为三个阶段：（1）以轻工业为中心的发展阶段。像英国等欧洲发达国家的工业化过程是从纺织、粮食加工等轻工业起步的。（2）以重化工业为中心的发展阶段。在这个阶段，化工、冶金、金属制品、电力等重、化工业都有了很大发展，但发展最快的是化工、冶金等原材料工业。（3）工业高加工度化的发展阶段。在重化工业发展阶段的后期，工业发展对原材料的依赖程度明显下降，机电工业的增长速度明显加快，这时对原材料的加工链条越来越长，零部件等中间产品在工业总产值中所占比重迅速增加，工业生产出现"迂回化"特点。加工度的提高，使产品的技术含量和附加值大大提高，而消耗的原材料并不成比例增长，所以工业发展对技术装备的依赖大大提高，深加工业、加工组装业成为工业内部最重要的产业。

以上三个阶段，反映了传统工业化进程中工业结构变化的一般情况，并不意味着每个国家、每个地区都完全按照这种顺序去发展。例如，中华人民共和国成立后，在特定的历史条件下，就是首先集中力量建立起一定的重工业基础，改革开放初期再回过来进行发展轻纺工业的"补课"，而现在则要以信息化带动工业化。

1.2.2.3 农业内部结构各产业的结构变化趋势

随着农业生产力的发展，种植业的比重呈下降趋势，但其生产水平日益提高；畜牧业的比重逐渐提高；林业日益从单纯提供林产品资源转向注重其环境生态功能，保持和提高森林覆盖率越来越受到重视；渔业日益从单纯依靠捕捞转向适度捕捞、注重养殖，其比重稳步上升。

1.2.3 我国产业结构的矛盾

我国第一产业矛盾的症结，在于耕地、水等资源相对短缺和劳动力严重过剩。中国人均耕地和水资源低于世界平均水平。农业剩余劳动力较多，今后每年还有大量新成长的劳动力需要就业。这就使我们面临一个难题，由于资源短缺，必须不断提高资源的利用效益，这要花费大量投资，包括水利设施的建设，机械、设备、动力、化肥、农药的投入等。这就使农产品的成本不断上升，而富余劳动力又使得农业的人均劳动生产率难以提高。成本的不断上升和劳动生产率的低下，使得从事农业生产的纯收入难以增加，"增产不增收"，"农业大县、财政穷县"等现象还很严重，成为制约农业进一步发展的关键问题。多年来，采取的提高粮食、棉花等农产品价格，"以工补农"等措施起到了促进农业发展的效果，但当主要农产品价格接近国际市场价格后，我们面临着政策上的新的选择。除了继续增加农业的投入，特别是科技投入，还需要开辟新的道路，采取新的措施。

我国第二产业供给能力大、需求相对不足这一矛盾的根本，是农民多、收入低。中国人均拥有的主要工业品和住房，在世界上尚属低水平，具有发展的潜力。但由于农民收入水平低，目前在城市已经普及的商品在农村尚无购买能力。

造成我国第三产业比重过低状况的原因，有交通等基础设施不发达等因素，但最根本的原因是我国城市化的程度，与经济发展的程度不相适应。

1.2.4 产业结构调整的方向

产业结构优化升级是产业结构合理化和高度化的有机统一。英国古典经济学创始人威廉·配第（Willian Petty，1623～1687年）最先研究了产业结构理论。英国经济学家克拉克（Colin Clark，1905～1989年）揭示了以第一次产业为主向以第二次产业为主，继而向以第三次产业为主转变，人均收入变化引起劳动力流动，进而导致产业结构演进的规律。美国经济学家西蒙·库兹涅茨（Simon Kuznets，1901～1985年）对产业结构的演进规律作了进一步探讨，阐明了劳动力和国民收入在产业间分布变化的一般规律。产业优化包括：结构优化、技术先进、清洁安全、附加值高、就业能力强五个特征。对于我国的产业结构调整，着重注重以下几个方面：

（1）坚持把农业放在经济工作的首位，确保农业和农村经济发展，农民收入增加。

（2）继续加强基础设施建设，推进国民经济信息化。

（3）加大调整改造加工工业的力度，振兴支柱产业，积极培育新的经济增长点。

（4）鼓励和引导第三产业加快发展。

（5）促进地区经济合理布局和协调发展。

本研究的目的，就是在产业结构调整过程中考虑清洁安全的特征，让地方在发展过程中既能促进经济收入的提高，也能不破坏环境，达到经济与环境的协调发展。

1.2.5 不同产业发展的水生态环境影响

1.2.5.1 种植业

将不适宜耕作的土地开垦为农田，会造成水土流失、土壤盐渍化等土地退化，导致沼泽、滩涂等具有重要生态服务功能土地类型的减少；农业灌溉工程多改变地表和地下水循环、造成河流断流等，农业耕作中使用的农药、杀虫剂、化肥、污水灌溉等常会污染自然水体；不合理耕作导致土壤沙化、酸化、盐渍化等土地退化，残留农用薄膜、农药、杀虫剂、化肥、污水灌溉等则污染土壤；农药、杀虫剂会影响昆虫、鸟类及土壤动物、微生物区系的生存，农作物品种改良可改变植物种类，降低生物多样性。

1.2.5.2 林业

林业采伐会造成森林覆盖面积缩小；部分人工林经营粗放，投入少，可造成地力衰退、地表径流减少；部分树种的吸水能力破坏水循环；森林的大量砍伐易引发大洪水，减少对温室气体的吸收；人工林土壤生态系统物质输入和输出失衡；人工林生态系统生物结构单一、食物链结构缺损，能流、物流、产流功能衰退；单树种栽培破坏原有的生态环境，降低森林系统的稳定性。

1.2.5.3 畜牧业

超载放牧导致草场退化、土地沙化；动物粪便、饲料等污染水体，使水体含氧量减少、水质变臭、失去饮用价值；动物践踏使土壤紧实，透气性差，并破坏地表植被，造成土壤裸露；动物粪便还会污染土壤；环境污染物残留动物体内，易潜伏传染病向野生动植物传播。

1.2.5.4 渔业

淡水渔业的大量发展往往加重水资源危机，提高地下水位，加重水源污染；饵料过量投放易引发邻近自然水体富营养化；部分地区鱼类资源枯竭、鱼类繁殖过程受破坏。

1.2.5.5 制造业

厂房建设大量占用耕地、林地等土地资源；工业三废排放污染水体与土壤，重工业的污染尤其严重；大量的工业用水加大了水资源的稀缺性；工程建设破坏土壤理化结构，常常剥离表土，造成土壤侵蚀；植被覆盖变为水泥地面导致表土固定化；周边生物摄入工业废物毒素会发生基因突变，造成邻近地区动植物的大量死亡，区域生态系统受破坏，生物多样性降低。

1.2.5.6 建筑业

建筑选址及建材如碎石、河沙的开采会影响地形地貌；建筑开掘、爆破、材料存放等造成水体物理化学污染；建材开采、地基开挖影响地下水位和水质；大面积水泥地面影响土壤理化特性，地基开挖破坏土壤层；建筑垃圾污染土壤；采伐森林，破坏植被，造成水土流失，并破坏动植物栖息地，施工噪声也不利于动物生存。

1.2.5.7 交通运输业

道路交通设施建设永久占用耕地、林地等土地资源，且土地自然生产力不能恢复；道路路面有害物质通过道路排水系统流入地表、河流等，污染地表水和地下水；道路路面不能蓄水，导致地下水补充减少；交通线路往往会造成河流改道；汽车排放的无机化合物细小颗粒，可直接进入土壤形成土壤污染；道路会将生物栖息地割裂开，成为动植物迁移的屏障，交通噪声也不利于动物生存，影响动物习性。

1.2.6 产业结构演变的理论

经济学家对三次产业结构的变动作了大量的研究，观察他们对各国产业结构演变的历史过程的研究，我们可以清晰地看到三次产业结构演变的一般趋势和规律。在这些经济理论中最具有代表性的是配第 – 克拉克定理、库兹涅茨对产业结构演变规律的研究以及工业结构重工业化的霍夫曼定理。

1.2.6.1　配第 – 克拉克定理

配第 – 克拉克定理是英国经济学家科林·克拉克在威廉·配第研究成果基础之上，深入分析研究了劳动力在三大产业分布结构的演变及其趋势后得出的，同时提出了一些带有普遍性的经验总结。克拉克认为，他的发展只是验证了配第的观点，因而后人统称为配第 – 克拉克定理。早在 17 世纪，西方经济学家威廉·配第就已经发现，随着经济的不断发展，产业中心将逐渐由有形财物的生产转向无形的服务性生产。克拉克在此基础上完成《经济进步的诸条件》一书，通过对 40 多个国家不同时期的三次产业的劳动投入和总产出资料的整理与比较，指出随着人均国民收入的提高，劳动力在三次产业分布结构变化的一般趋势，后人把克拉克的发现称之为配第 – 克拉克定理。该定理以若干国家在时间的推移中发生的变化为依据，使用了劳动力这一指标来分析产业结构的演变，把人类全部经济活动分为第一产业（农业）、第二产业（制造业、建筑业）和第三产业（广义的服务业），经过大样本对产业结构演进的趋势进行了考察，将各国经济发展分为三个阶段：

以农业为主的经济社会，在这一阶段，人们主要从事农业劳动，由于劳动生产率太低，人均收入比较低，全社会的国民收入较少；以制造业为主的经济社会，在这一阶段，由于制造业的劳动生产率高，人均收入比较高，劳动力从农业向制造业转移，全社会国民收入增大，人均国民收入提高；以商业和服务业为主的经济社会，随着经济的进一步发展，商业和服务业得到了迅速发展，由于商业和服务业的人均收入比农业和制造业要高，引起了劳动力从农业向商业以及服务业的转移，全社会国民收入增长加快，人均国民收入随之大大提高。

这样，克拉克比较粗略地描绘了宏观产业结构变化的基本趋势，揭示了人均国民收入水平与产业结构变动之间的内在关联：随着人均国民收入水平的提高，劳动力首先从第一产业向第二产业转移，当人均国民收入水平进一步提高时，劳动力便向第三产业转移。虽然克拉克定理揭示了产业结构演变的基本趋势，然而他的研究尚不成熟，在研究方法上有两个主要的缺陷：使用单一的劳动力的指标，不可能从更深层次上揭示产业结构变动的总趋势；所利用的原始数据的处理比较简单，取样范围小，典型意义不够。

1.2.6.2　霍夫曼定理

霍夫曼定理又被称作"霍夫曼经验定理"，是指资本资料工业在制造业中所占比重不断上升并超过消费资料工业所占比重。他将工业产业分为三大类，即消费品工业、资本品工业和其他工业。由于受到各种因素的影响，各个工业部门的成长率并不相同，衡量经济发展水平或者工业化进程，可以采用霍夫曼系数来计算。专家认为，中国的霍夫曼比例肯定是小于1的。

1.2.6.3 钱纳里工业化阶段理论

钱纳里通过建立多国模型，从经济发展的长期过程考察了制造业内部各产业部门的地位和作用的变动，提出了标准产业结构。他发现产业关联效应是制造业内部结构转换的原因，制造业发展受人均 GDP 需求规模和投资率的影响大，而受工业品和初级品输出率的影响小。钱纳里将不发达经济到成熟工业经济过程划分为3个时期6个阶段，从任何一个发展阶段向更高一个阶段的跃进都是通过产业结构转化来推动的，这对于揭示产业结构发展的一般变动趋向，具有很大的价值。

（1）初级产业，是指经济发展初期对经济发展起主要作用的制造业部门，例如食品、皮革、纺织等部门。第一阶段是不发达经济阶段，产业结构以农业为主，没有或极少有现代工业，生产力水平很低。第二阶段是工业化初期阶段，产业结构由以农业为主的传统结构逐步向以现代化工业为主的工业化结构转变，工业中则以食品、烟草、采掘、建材等初级产品的生产为主；这一时期的产业主要是以劳动密集型产业为主。

（2）中期产业，是指经济发展中期对经济发展起主要作用的制造业部门，例如非金属矿产品、橡胶制品、木材加工、石油、化工、煤炭制造等部门。第三阶段是工业化中期阶段，制造业内部由轻型工业的迅速增长转向重型工业的迅速增长，非农业劳动力开始占主体，第三产业开始迅速发展，也就是所谓的重化工业阶段。重化工业的大规模发展是支持区域经济高速增长的关键因素，这一阶段产业大部分属于资本密集型产业。第四阶段是工业化后期阶段。在第一产业、第二产业协调发展的同时，第三产业开始由平稳增长转入持续高速增长，并成为区域经济增长的主要力量。这一时期发展最快的领域是第三产业，特别是新兴服务业，如金融、信息、广告、公用事业、咨询服务等。

（3）后期产业，指在经济发展后期起主要作用的制造业部门，例如服装和日用品、印刷出版、粗钢、纸制品、金属制品和机械制造等部门。第五阶段是后工业化社会，制造业内部结构由资本密集型产业为主导向以技术密集型产业为主导转换，同时生活方式现代化，高档耐用消费品被推广普及。技术密集型产业的迅速发展是这一时期的主要特征。第六阶段是现代化社会，第三产业开始分化，知识密集型产业开始从服务业中分离出来，并占主导地位；人们消费的欲望成现出多样性和多边性，追求个性。

1.2.6.4　环境库兹涅茨曲线

库兹涅茨曲线是 20 世纪 50 年代诺贝尔奖获得者、经济学家库兹涅茨用来分析人均收入水平与分配公平程度之间关系的一种学说，他继承了克拉克的研究成果，改善了研究方法，收集和整理了二十多个国家的数据，从国民收入和劳动力在产业结构中的分布两个方面，对伴随经济发展的产业结构变化作了更深入的研究，得出了收入不均现象随着经济增长先升后降，呈现倒 "U" 形曲线关系。而环境库兹涅茨曲线也具有这样的曲线，它是通过人均收入与环境污染指标之间的演变模拟，说明经济发展对环境污染程度的影响，也就是说，在经济发展过程中，环境状况先是恶化而后得到逐步改善。

1.2.6.5　日本学者对产业结构的研究

欧美学者的产业结构研究及提出的理论模型具有一般意义，形成该研究领域的主流，但作为应用经济理论，各国在实践中会形成各具特色的理论概括。战后以来，立足日本国情，逐步发展形成了一套独特的产业结构理论，他们认为产业结构变动与周边国家或世界相关联，对产业结构理论有比较深入研究的学者有筱原三代平和赤松要。

筱原三代平的动态比较费用论是针对比较费用论而提出的，比较费用论是李嘉图提出的有关国际贸易形成的原因及维系国际贸易秩序的重要原理。筱原则提出，不能仅按这一原理建立国际分工秩序，这样势必使各国产业结构长期不变，后进国家只能永远居于生产初级产品的地位，他的动态比较费用论提出了幼小产业扶植政策，其核心思想是强调扶持目前暂时处于幼小地位，但需求增长快、生产率上升潜力大的产业，扶植幼小产业不受现代经济学的约束，日本经济正是由于撇开了现代经济学的传统观念，才有今天的汽车、钢铁工业和经济大国的地位，他认为从短期看，比较费用论有一定的合理性，但从长期看，应当以动态发展的观点修正比较费用论。

日本经济学家赤松要在 1932 年提出了产业发展的雁形形态论，在其研究中指出：在产业发展方面，后进国家的产业赶超先进国家时，产业结构的变化呈现出雁形形态，该理论主张，本国产业发展要与国际市场紧密地结合起来，使产业结构国际化；即后进国家的产业发展是按照进口、国内生产、出口的模式相继交替发展的。具体表现为，先是国外产品大量进口引起的进口浪潮，进口刺激国内市场所引发的国内生产浪潮，最后是国内生产发展所引起的出口浪潮，人们常以此表述后进国家工业化、重工业化和高加工度发展过程，并称之为雁形形态论。雁形产业发展形态说表明，后进国家可以通过进口利用和消化先进国的资本和技术，同时利用低工资优势打回先行国市场，这种由于后起国引进先行国资本和技术，扩张生产能力，使先行国已有产业受到国外竞争压力威胁的现象，叫做反回头效应，如果后起国善于把握好时机，就能在进口—

国内生产—出口的循环中缩短工业化乃至重工业化、高加工度化的过程，人们常以此表述后进国家工业化、重工业化和高加工度发展过程。在一国范围内，雁形形态论先是在低附加值的消费品产业中出现，然后才在生产资料产业中出现，继而在整个制造业的结构调整中都会出现雁形变化格局。

通过对产业结构演进理论研究可知，早期国外的学者对于产业演进理论相关研究形成了许多系统的理论，而我国在改革开放以前，经济学界对产业结构的研究多集中在对马克思主义再生产理论、计划经济体制下的产业结构与产业政策、部门经济学等研究上。改革开放以后，也开始比较系统地研究经济结构特别是产业结构问题，马洪、孙尚清主编的《中国经济结构研究》，开始系统地研究中国的产业结构问题及演进趋势；杨治主编的《产业经济学导论》，系统地介绍了产业经济学的研究内容和研究方法等。此外，目前国内学者对产业结构演变也做了很多探索和研究，其中比较突出的有张俊伟提道：今后一段时期我国将由重化工业发展阶段向技术密集型、知识密集型产业发展阶段过渡，产业升级演变呈现向高加工度、高附加值转型的趋势，环保型产业具有广阔发展前景，服务业快速发展，产业组织结构优化步伐加快。张米尔认为，产业演进是一个动态的过程，由于城市内部产业在不断发展，所面临的外部环境也在不断变化，所以要根据自身条件和外部环境之间的关系和联系，选择合适的演进模式。姜琳应用产业转型环境评价体系，评估了目前西部产业演变的环境要素的支撑能力，提出了西部产业演进的方向。

1.2.7　产业结构调整方式

1.2.7.1　产业结构构成调整

产业结构构成调整是指在产业构成的整体中根据客观情况，确定应包括哪些产业，要不要淘汰一些陈旧过时的产业，对过于臃肿的产业如何消肿，是否保留，确定增加和引进哪些产业比较有利等等。

1.2.7.2　产业结构顺序调整

产业发展顺序也是在不断地发生变化，随着市场需求的变化，各产业的发展速度也不会一样，有的产业的发展由快变慢，而另外的产业的发展又因某种原因而由慢变快。按照其对区域经济增长贡献大小进行排序，分出轻重缓急，从而为决策部门或产业经营者制定投资政策提供依据。

1.2.7.3　产业间的比例关系调整

通过调整投入比例来实现产出比例的变化，达到结构优化的目的。产业间比例结构关系的调整，包括产出比例调整和投入比例调整，但最关键的仍是资金的投入比例的调整。产业间比例结构的调整是整个产业结构调整的中心。

产业结构调整虽然有这种类型的划分，但在实践中却不是截然分开的，而是综合分析一次完成的。

1.3 河流水质保障理论概述

河流水质保障，其实质在于对被破坏或被污染的水体进行污染削减和生态修复。所谓修复就是重建受损生态系统功能以及有关物理、化学和生物特征，即恢复生态系统的结构与功能，再现一个自然的、能自我调节的生态系统，使其与所在的生态景观和城镇等建设形成一个完整的统一体。因此，河流的保护及综合整治涉及水质、水生生态系统的恢复与保护，流域沿岸的生产、生活以及美学、娱乐等功能的完善与提高等，单一的恢复目标并不能满足河流生态系统良性发展的要求。发达国家在河流利用与管理的历史进程中，对"河流"的认识在不断地深化，积累了许多成功的宝贵经验，也吸取了不少失败的教训，但多数在城市河流方面，对中小城镇支流尤其是中小城镇支流水质保障的研究相对较少。

国外对河流的开发利用先后经历了三个不同的发展阶段，即开发利用初期及工业化时期，污染控制与水质恢复时期，综合管理与可持续利用时期。每个时期对河流概念的内涵、外延、河流的侧重功能、河流整治观念以及治河技术体系均有所不同，人类对河流的认识也在不断进步。总结不同阶段所采取的治河经验教训，发达国家转变了单纯以工程措施治理流域水污染的观念，确立了环境治理、生态修复、河流自然化、人文化、功能多样化的治河策略，即以生态学观点为指导，采取多学科综合整治的策略。

我国多数河流整治与水质保障可分为 4 个阶段，即中华人民共和国成立前的原始水利用和低级防御阶段、20 世纪 50 ~ 70 年代的河流初级开发与治理阶段、20 世纪 80 ~ 90 年代的防洪除涝与工程治河阶段以及 20 世纪 90 年代末开始至今的环境保护和综合治理阶段。

我国传统的流域水质保障往往以污染源的控制为全部内容，而忽视了河岸生态环境的生态学功能和河流水体的自净作用，缺乏从河流乃至整个流域生态系统的角度进行综合治理的意识。国内许多河流的水质保障往往陷于"工程治河论"和"技术治河论"等被发达国家证明错误的理论中不能自拔。整治方案的设计往往侧重于利用人工措施治理工业废水和生活污水，而对于利用河流水体的自净功能进行生态修复缺乏足够的重视。但近年来开始有所转变，国内河流的综合整治和水质保障也开始向污染源削减与生态修复相结合的方向转变，但我国与欧美日等发达国家在河流方面的技术水平和管理水平还存在一定的差距。

河流整治和水质保障的最终目的在于恢复河流生态系统的整体生态功能，而不是仅将重点放在污染源控制上，因此在管理决策过程中，除了传统的污染因子外，还需考虑河流的生态因素。基于这一思路，欧美日等发达国家将水生态良好作为流域水环境管理的最终目标，提倡在河流管理中要注重河流生态系统的完整性，将流域及其组成作为一个整体来进行管理。

在综合整治水体污染和保障水质安全的实践中，城市生活污水和工业废水逐步得到控制，农业面源污染问题开始突出，人们逐渐认识和重视农业面源污染，意识到它是水质恶化的重要因子，并逐渐的更正了"工业造成环境污染，而农业是环境污染的受害者"的传统观点。由于农业活动的广泛性和普遍性，农业面源污染极易构成水体环境的安全隐患，已成为目前水质恶化的一大威胁。

在河流水质保障方面，一般采取工程措施、生态措施与管理措施相结合的综合治理方案。

1.4　研究内容、方法、技术路线

1.4.1　研究意义

产业发展是实现经济持续增长的推动力，同时也是产生环境污染的主要载体，产业结构调整与优化升级是减少污染排放、改善环境质量的重要举措。进入 21 世纪，中国逐步加大产业结构调整步伐，相继出台产业结构调整目录。在国家政策大背景下，各地区纷纷加大产业结构调整力度，不同程度地明确了调优、调高、调轻、调绿的产业发展目标，旨在大力推动区域经济与环境保护的协调、可持续发展。本书基于水环境保护的角度研究牡丹江产业变动过程中的环境变化，进而研究经济与环境的互动关系，并选择适合牡丹江流域的水环境指标纳入产业结构调整模型中，并以此构建基于水环境保护的产业结构调整模型，对牡丹江的产业结构调整建言献策，促进牡丹江地区经济与环境协调发展。

全球化背景下城市产业的发展，需要考虑其在全球城市体系中的等级位置，城市发展战略、产业政策、环境政策的制定不能以是否严格来评价，而在于环境政策是否与城市自身对产业价值链条某个关键环节相适应，城市政策制定包括城市发展计划、行业规划、产业政策和环境政策需要找到合理的结合点，推动城市以最小资源投入、最小环境代价，稳定、均衡并可持续地提高竞争力，而不是以牺牲环境为代价促进经济高速发展，或者陷于环境保护论而裹足不前，影响地方经济发展。

1.4.2　研究思路

在系统分析经济增长与水环境关系的基础上，总结牡丹江流域经济发展的特点，实证分析牡丹江流域经济与水环境之间的互动关系，筛选对经济有影响的环境因子，兼顾水资源、生态损失、能源等指标，以经济效益最大化、生态环境效益最优化为目标，探讨基于水环境质量改善的牡丹江产业结构调整，为区域经济又好又快发展、环境质量明显改善提供决策依据。

1.4.3　研究方法

采用定量分析与定性分析相结合的方法。采用多元数理统计分析方法，对分析时段内相关历史数据进行科学的整合，通过 SPSS 软件，运用相关分析、回归分析生成函数模型，运用 MATLAB 进行不同模拟条件下的产业结构调整方案，进行定量分析。

1.4.4　主要研究内容

本书从牡丹江实际出发，应用现有研究成果，构建牡丹江产业结构调整模型，模型综合考虑环境、生态、经济、能源等多个子系统的影响，在进行参数选择与优化以后进行模型的预测，为牡丹江经济可持续发展提供政策建议。

1.4.5　研究数据来源

本研究采用的数据均来自以下资料：牡丹江市统计年鉴、黑龙江省统计年鉴、牡丹江市环境统计数据库等。

第2章
牡丹江流域水环境特征

系统研究牡丹江水资源现状、水环境污染现状是基于水质改善的牡丹江流域经济发展模式研究的基础，为制定牡丹江支流水质保障方案提供科学依据。本章收集了牡丹江流域"十一五"期间的水资源数据和污染物排放数据，对牡丹江水资源现状进行了评价，同时对牡丹江水污染物的排放状况进行了分析，包括牡丹江流域的废水排放及污染物排放状况和牡丹江流域工业行业的水污染物排放状况。收集了牡丹江多年的水质监测数据，对牡丹江流域水环境质量进行了评价，主要进行了单项污染指数评价、环境功能区达标评价。调查了牡丹江入江排污口分布，污染源与入河排污口对应关系及污染源结构分析，牡丹江流域重点工业企业，牡丹江流域主要排污行业。最后对牡丹江流域"十一五"末期面临的水环境问题进行了总结分析。

2.1 牡丹江流域水资源现状评价

2.1.1 牡丹江流域水资源现状及变化趋势

2.1.1.1 水资源量

牡丹江流域多年平均降水量为 380～830 mm，全流域受地理位置和地形等因素影响，降水量地区分布很不均匀。海林市降水量最大，多年平均降水量为 660 mm，牡丹江市区多年平均降水量为 630 mm，宁安市多年平均降水量为 560 mm，林口县多年平均降水量为 520 mm。

牡丹江流域的地表水与地下水主要来源于降水补给，雨水落到地面，大部分直接成为地表径流，一部分通过地表渗入地下，成为浅层地下水。牡丹江市 2015 年地表水资源量 86.80 亿 m³，工业生产用水量 7.480 亿 m³，城镇及农村生活用水量 1.992 亿 m³，农业灌溉用水量 5.855 亿 m³。牡丹江市区 2015 年地表水资源量 1.9 亿 m³，工业生产用水量 6.432 亿 m³，城镇及农村生活用水量 0.881 亿 m³，农业灌溉用水量 0.368 亿 m³；宁安市 2015 年地表水资源量 19.4 亿 m³，工业生产用水量 0.691 亿 m³，城镇及农村生活用水量 0.329 亿 m³，农业灌溉用水量 2.946 亿 m³；海林市 2015 年地表水资源量 32.1 亿 m³，工业生产用水量 0.292 亿 m³，城镇及农村生活用水量 0.378 亿 m³，农业灌溉用水量1.664亿m³；林口县2015年地表水资源量14.1亿m³，工业生产用水量0.065亿 m³，城镇及农村生活用水量 0.399 亿 m³，农业灌溉用水量 0.878 亿 m³。牡丹江市地表水资源状况见表2-1。

全市水资源状况（2015 年）（单位：亿 m³）　　　　　　　表 2-1

市（县）	水资源总量	地表水资源量	地下水资源量	地表水与地下水重复计算量
全 市	86.8	85.2	3.1	1.5
市 区	1.9	1.7	0.3	0.1
林口县	14.1	13.4	0.9	0.2
海林市	32.1	32	0.5	0.4
宁安市	19.4	19	1.1	0.7

2.1.1.2　水资源变化趋势

牡丹江流域4个控制单元2005～2015年水资源总量统计结果见图2-1。从图中可以看出，"十五"和"十一五"期间，各控制单元水资源量逐年升高，"十二五"以来，流域水资源量有下降趋势，但 2013 年牡丹江流域遭遇百年一遇洪水，流域水资源量增加显著。2012年水资源量比2010年下降了23.19%。

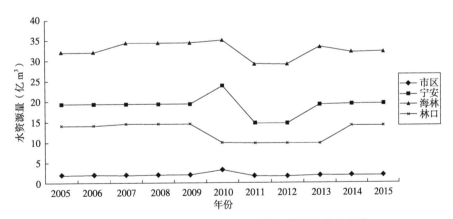

图 2-1　牡丹江流域各控制单元水资源量历年变化曲线

2.1.1.3　水资源时空分布

牡丹江流域水资源时空分布特征如下：

时间分配上很不均匀。牡丹江流域由于受大陆性气候季风气候条件及其特定的地理位置、地形条件的影响，地表水主要靠冰雪融水和大气降水补给，地表水年际变化较大，年内不均，具有时丰时枯的情况，还有连续丰水年和持续干旱年的现象，而且丰水期和枯水期呈现出一定的周期性。同时，牡丹江流域的降水量四季变化也很明显，冬季受高压控制，寒冷雪少，历时较长；春季冷高压开始北撤，东南季风入侵较晚，一般6月份才开始进入雨季，7~9月为降水全盛时期。正常年份降水量主要集中在6~9月，占总径流量的70%以上。丰、枯水期相差悬殊，据牡丹江水文站资料统计，丰水年的1960年，实测径流量94.8亿 m³，而枯水年的1978年只有15.5亿 m³，仅为丰水年的16.4%。

地区分布不平衡。牡丹江流域水资源在地区间的分布差异显著，南部的海林市、宁安市水资源量比北部的市区和林口县大得多，如图2-2所示，人均水资源量海林市 > 宁安市 > 林口县 > 市区；同时，人均水资源量和单位GDP水资源占有量各县市和市区差异显著，单位GDP水资源占有量海林市 > 林口县 > 宁安市 > 市区。

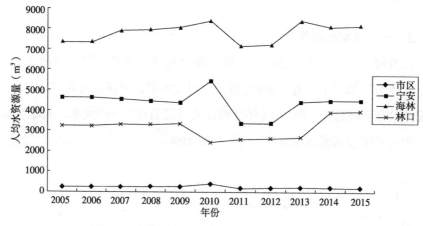

图2-2　各控制单元人均水资源量逐年变化曲线

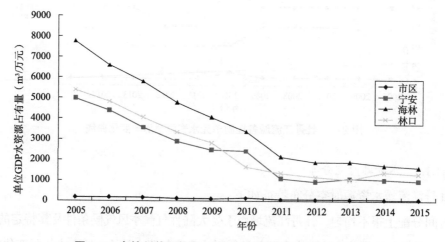

图2-3　各控制单元单位 GDP 水资源占有量逐年变化曲线

总的来说，牡丹江流域水资源在时间、地区分布与土地资源分布和工农业发展布局上很不一致，工业发达地区水资源量相对较少，而构成的经济主体恰恰又都是高耗水为主的重化工行业部门，水资源供需矛盾十分突出，已成为制约这些地区经济发展的重要因素。

2.1.2　牡丹江流域水资源开发利用现状分析

2.1.2.1　水资源开发利用情况

2015 年水资源利用总量 9.48 亿 m³（不含水电站用水），占多年平均水资源总量 57 亿 m³ 的 16.60%，区域水资源开发利用率较低。地表水总开发利用量近 9.4 亿 m³，地表水资源开发率为 16.55%。地下水开采量约 967 万 m³，多年平均地下水可开采量 4600 万 m³，地下水资源开采率为 21%。水资源利用消耗率 8.8%。

2.1.2.2　用水水平

牡丹江市区多年人均用水量 90 m³，2005 ~ 2015 年人均用水量呈逐年下降的趋势，详见图 2-4。

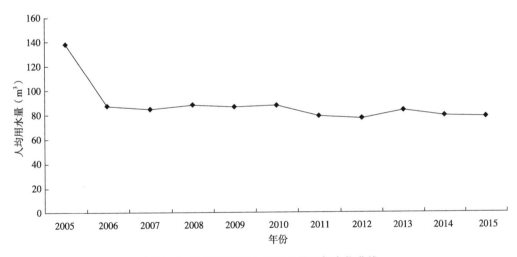

图 2-4　牡丹江市区人均用水量逐年变化曲线

2.1.2.3　用水组成

经统计，2015 年牡丹江流域各控制单元总用水量 15.327 亿 m³。其中农业灌溉量合计 5.856 亿 m³，约占总用水量的 38.21%，工业用水量 3.6 亿 m³，约占总用水量的 48.80%，详见表 2-2。

2015 年牡丹江流域用水情况表（单位：亿 m³） 表 2-2

控制单元	农业灌溉量	工业用水量	城镇生活	农村生活用水量	总用水量	其中地表水
牡丹江市区	0.368	6.432	0.753	0.128	7.681	7.539
海林市	1.664	0.292	0.215	0.163	2.334	2.187
宁安市	2.946	0.691	0.089	0.244	3.97	3.753
林口县	0.878	0.065	0.111	0.288	1.342	1.17
小计	5.856	7.48	1.168	0.823	15.327	14.649

2.1.2.4 工业用水组成分析

由表 2-3 可知，从"十五"末期开始，牡丹江流域行业用水量较大的是石化、电力和造纸。

牡丹江流域工业行业用水组成表 表 2-3

行业	2005 年		2010 年		2015 年	
	工业用水量（t）	用水量比例(%)	工业用水量（t）	用水量比例(%)	工业用水量（t）	用水量比例(%)
石化	42393842	9.81	59011529	31.04	17955683	4.42
机械	618700	0.14	905100	0.48	1005365	0.25
电力	364857000	84.46	77202320	40.60	373005334	91.75
木材	1475000	0.34	26730	0.01	15300	0.00
交通运输	233000	0.05	223927	0.12	—	—
建材	3906970	0.90	4557240	2.40	597906	0.15
造纸	15746640	3.65	26917214	14.16	5831938	1.43
食品	104500	0.02	1940500	1.02	5026000	1.24
医药	443000	0.10	15105340	7.94	184500	0.05
饮料	1120000	0.26	1239090	0.65	703601	0.17
冶金	560000	0.13	1822528	0.96	2100000	0.52
烟草	128900	0.03	156627	0.08	97883	0.02
纺织	411170	0.10	—	—	—	—
煤炭	—	—	1036195	0.54	12800	0.00

2.1.3 牡丹江流域水资源短缺现状识别

采用瑞典水文学家 Malin Falknmark 提出的"水紧缺指标"作为评价标准，将水资源程度具体划分为五类：人均水资源量大于 3000 m³ 为不缺水；1700 ~ 3000 m³ 为轻度缺水；1000 ~ 1700 m³ 为中度缺水；500 ~ 1000 m³ 为重度缺水；小于 500 m³ 为极重度缺水。根据上述标准对牡丹江流域控制单元进行划分，2005 ~ 2013 年期间，牡丹江市区为极重度缺水，年人均水资源量为 246 m³；宁安市和海林市为不缺水，林口县从 2010 年开始为轻度缺水，年人均水资源量为 2572 m³。

（1）水资源总量短缺，且分布与人口、经济发展不相适应

牡丹江流域除了市区控制单元，其他控制单元水资源量比较丰富，但境内水资源分布与人口、经济发展不相适应。如牡丹江市区水资源量仅占总量的 3.09%，而人口占 39.61%，GDP 占 45.48%，市区控制单元水资源量与人口和经济发展不平衡，严重阻碍了区域生态环境和人民生活水平的提高，同时，更加加剧了市区控制单元的水资源短缺现象。

（2）水环境日趋恶化，改善和保护水环境势在必行

每年到雨季，由于水土流失造成水源地江水中泥沙大量增加，增加自来水处理难度，使水厂处理能力下降 20% ~ 40%，进而影响城市供水。随着水源地上游宁安、海林两市经济的发展，污染物入江量将会逐年增加，水环境质量恶化趋势令人担忧。牡丹江市属工程性缺水和水质污染型缺水的城市，因此加强饮用水源地上游污染的综合防治和水土保持工作十分重要，是牡丹江城市供水安全的重要保证措施。

（3）调蓄能力不足，水资源利用效率低

分析范围内牡丹江市、海林市、宁安市及林口县城区供水主要取自江河地表水，无大型蓄水工程调蓄。由于天然径流年际、年内分配不均，致使城区用水在枯水年或枯水季节不能按需取水，供水难以得到保证。海浪河水资源丰富，其上游具备建立大型水库的条件，但缺少控制性水利工程，水资源利用率不高。牡丹江市拟在海浪河上游建设大型水库——林海水库，以改善牡丹江城区和海林市供水条件，满足城市用水对水量和水质的要求，同时也可以改善农业灌溉条件。

牡丹江市城市供水水源主要为牡丹江地表水，由于水源工程及城市供水管网建设时间较早，特别是老城区还有一批新中国成立前留下来的老供水管线，漏水率达到 20% 左右，远高于国家规定的标准。市政管网因老化失修等原因，在输水过程中，跑、冒、滴、漏损失较大，导致水资源供需矛盾加大。

（4）水资源管理体制不适应水资源开发利用的要求，节水工作有待于进一步加强

目前，牡丹江市城市水资源管理体制表现为条块分割、相互制约、职责交叉、权属不清。水源地不管供水，供水部门不管排水，排水部门不管治污，治污部门不管回用。由于水资源管理权限不统一，使得各部门依据自身的管理职能开展工作，没有形成协调统一的水资源管理体制。城市水资源保护、开发、利用缺乏统一规划，无法实现统

一管理和优化调度，也无法实现水资源的合理开发和集约利用。

牡丹江市水资源量丰富，但由于历史原因，长期以来牡丹江市工业取水主要依靠自备水源地，取水量大，利用率低，节水工作有待进一步加强。由于企业生产工艺落后，工业用水重复利用率低，加上管理水平跟不上发展的需要，如电力产业用水仍存在直流冷却的现象，缺少二次回用，农业灌溉节水措施不到位，没有摆脱粗放式的生产方式，用水定额较高，节水工程建设步伐较慢。

2.2 牡丹江流域水污染物排放状况

2.2.1 牡丹江污染源空间分布

2.2.1.1 牡丹江入江排污口分布

对牡丹江沿江排污口调查可知，"十一五"末牡丹江沿江共有大小 18 个排污口，其中排入牡丹江干流的排污口有 16 个，排入支流海浪河的排污口 1 个，排入支流乌斯浑河的有排污口 1 个。各排污口分别接纳宁安市、海林市、牡丹江市区和林口县 4 个县（市）的生活污水和工业废水。海林市的 1 个排污口的废水直接排入海浪河，林口县的总排污口的废水排入乌斯浑河，宁安市的 3 个排污口、牡丹江市区的 13 个排污口和海林市的 2 个排污口的废水直接排入牡丹江干流。

2.2.1.2 污染源与入河排污口对应关系

牡丹江沿江的大小 18 个排污口中，生活排污口 3 个，工业排污口 12 个，生活和工业共用的排污口 3 个。对应工业污染源 55 家，生活污染源 13 处，各污染源与入河排污口对应关系详见表 2-4 和图 2-5。

污染源与入河排污口对应表　　　　　　　　　　表 2-4

序号	所属县（市）	排污口名称	污水排放量（万 t/a）	污水来源
1	宁安市	宁安市政排污口	455	接纳宁安市区 10.4 万人生活污水
2	宁安市	镜泊农业排污口	35	黑龙江省镜泊湖农业开发股份有限公司
3	宁安市	三合工业排污口	296	黑龙江倍丰农业生产资料集团宁安化工有限公司 宁安市镜泊湖糖业有限责任公司 宁安市益昕钢铁有限公司 牡丹江市鑫鹏肉业有限责任公司 宁安市光明物业有限公司 牡丹江聚宏高密度板厂

序号	所属县（市）	排污口名称	污水排放量（万 t/a）	污水来源
3	宁安市	三合工业排污口	296	宁安通城木业有限公司 宁安市鹿道水泥制品有限公司 牡丹江天马水泥有限公司 宁安市山市水泥厂
4	海林市	斗银河排污口（隆诚污水处理厂排入斗银河）	300.52	哈尔滨卷烟厂海林分厂 海林市海峰供热有限责任公司 天良食品有限公司 79492 人的生活污水
5	海林市	海林市柴河林海纸业有限公司排污口	123	柴河林海纸业有限公司
6	海林市	柴河镇生活排污口	273.75	柴河镇生活排污口 1# 柴河镇生活排污口 2# 柴河镇堤防站污泥处理强排口 7 万～8 万人的生活污水
7	牡丹江市辖区	恒丰纸业排污口	416.65	牡丹江恒丰纸业集团有限责任公司 大宇制纸股份有限公司
8	牡丹江市辖区	北安河	147.6	牡丹江东北高新化工有限责任公司 牡丹江首控石油化工有限公司 牡丹江金钢钻碳化硼细陶瓷有限责任公司 牡丹江北方高压电瓷有限责任公司 牡丹江顺达电石有限责任公司 牡丹江鸿利化工有限责任公司 中煤牡丹江焦化有限责任公司 牡丹江东北化工有限公司 哈尔滨啤酒（牡丹江镜泊）有限公司 牡丹江灵泰药业股份有限公司 牡丹江市红林化工有限责任公司 牡丹江友博药业有限有限公司 哈尔滨铁路局牡丹江机务段 哈尔滨车辆段牡丹江运用车间 沿岸城市生活污水
9	牡丹江市辖区	牡丹江市污水处理厂排污口	3567	牡丹江轴承制造有限责任公司 牡丹江石油机械厂 牡丹江电力电容器厂 圣戈班陶瓷材料（牡丹江）有限公司 牡丹江白酒（厂）有限公司 牡丹江华威供热有限责任公司 牡丹江前进碳化硼厂 黑龙江北方工具有限公司

续表

序号	所属县（市）	排污口名称	污水排放量（万 t/a）	污水来源
9	牡丹江市辖区	牡丹江市污水处理厂排污口	3567	黑龙江中奥毯业股份有限公司 牡丹江铁路分局牡丹江房产经营段 城市生活污水
10	牡丹江市辖区	温春镇工业 温春镇生活	245	黑龙江省牡丹江新材料科技股份有限公司 生活污水
11	牡丹江市辖区	桦林工业 桦林生活	199.41 10.85	桦林佳通轮胎有限公司 生活污水
12	牡丹江市辖区	六湖泡	480	牡丹江市自来水公司
13	牡丹江市辖区	南小屯	54.75	生活污水
14	牡丹江市辖区	高信石油排污口	26.76	牡丹江高信石油添加剂有限责任公司
15	牡丹江市辖区	大湾畜牧排污口	7.0	牡丹江市大湾畜牧有限责任公司
16	牡丹江市辖区	富通汽车排污口	3.0	牡丹江富通汽车空调有限公司
17	牡丹江市辖区	黑宝药业排污口	0.42	牡丹江黑宝药业股份有限公司
18	林口县	林口县总排污口	392.07	沈阳煤业（集团）青山有限责任公司 林口县宏大供热有限公司 林口县林大石墨精选有限公司 林口县阳光热力有限公司 林口县富源油脂有限公司 林口县富强肉类食品有限责任公司 林口县生活污水
合计	—	—	6788.78	—

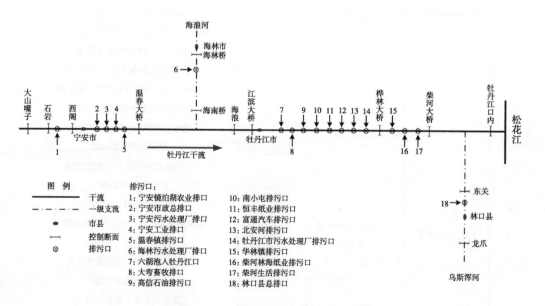

图 2-5　牡丹江断面及排污口概化图

2.2.2 牡丹江流域废水排放及污染物排放情况

2.2.2.1 "十一五"期间情况

2010年，牡丹江流域废水排放量为8182万t，其中工业废水排放量为2731万t，占33%，生活废水排放量为5451万t，占67%。主要支流海浪河收纳废水排放量1020万t，其中工业废水排放量为111万t，生活废水排放量为909万t。乌斯浑河收纳废水排放量595万t，其中工业废水排放量为135万t，生活废水排放量为460万t。"十一五"期间牡丹江流域工业废水排放总量为21625万t，生活废水排放总量为24455万t，分别占47%和53%。

2010年，牡丹江流域化学需氧量排放量为35247t，其中工业化学需氧量排放量为18209t，占52%，生活化学需氧量排放量为17038t，占48%。"十一五"期间，牡丹江流域主要水污染物化学需氧量和氨氮排放量分别为185898t和15717t，其中工业化学需氧量排放80135t，生活废水化学需氧量排放量105763t，分别占43.1%和56.9%，见表2-5。

牡丹江流域"十一五"期间污染排放量 　　　　表2-5

统计年份	废水排放量（万t）			化学需氧量排放量（t）			氨氮排放量（t）		
	工业	城镇生活	合计	工业	城镇生活	合计	工业	城镇生活	合计
2010年	2731	5451	8182	18209	17038	35247	371	2262	2633
"十一五"期间	21625	24455	46080	80135	105763	185898	2303	13414	15717

2.2.2.2 "十二五"期间情况

"十二五"期间，国家把畜禽养殖纳入环境统计数据库，增加了农业面源污染的统计。2011～2015年牡丹江流域废水排放量和化学需氧量排放量见表2-6。"十二五"期间，工业废水排放量逐年减少，而生活废水排放量仍然占有较大比例。从化学需氧量排放量上来看，农业源＞生活源＞工业源，其中农业源化学需氧量排放量和生活源所占比例相当约为40%，工业源占比不到20%。

牡丹江流域"十二五"期间污染排放量 　　　　表2-6

统计年份	废水排放量（万t）			化学需氧量排放量（t）				氨氮排放量（t）			
	工业	生活	合计	工业	生活	农业	合计	工业	生活	农业	合计
2011	3122	3120	6242	5822	16663	18623	41108	371.41	3315.25	746.81	4433.47
2012	2408	3120	5528	6844	16846	16761	40451	98.18	3336.452	726.52	4161.15
2013	1913	6213	8126	6091	16005	16454	38550	84.5	3230.905	676.11	3991.52

续表

统计 年份	废水排放量（万t）			化学需氧量排放量（t）				氨氮排放量（t）			
	工业	生活	合计	工业	生活	农业	合计	工业	生活	农业	合计
2014	1270	7229	8499	5792	19144	22833	47769	38.17	3874.37	891	4803.54
2015	1212	7229	7441	6086	19394	22501	47981	58.26	3825.37	864.19	4747.82

牡丹江市各区（市）县主要废水污染物排放情况见表 2-7 ~ 表 2-11。

2011 年牡丹江各区（市）县主要废水污染物排放情况表　　　　表 2-7

区(市)县	主要废水污染物							
	化学需氧量（t）				氨氮（t）			
	工业源	农业源	生活源	合计	工业源	农业源	生活源	合计
东安区	11.89	3420.93	1743.79	5176.61	0.03	256.67	346.95	603.65
阳明区	1594.21	2325.48	2906.32	6826.01	45.41	50.32	578.24	673.97
爱民区	485.24	2396.32	2325.05	5206.61	38.95	34.29	462.59	535.83
西安区	1092.69	2141.14	3681.33	6915.16	3.61	24.59	732.44	760.64
林口县	207.04	2982.33	1356.28	4545.65	41.55	93.49	269.85	404.89
海林市	1716.25	2105.85	2906.32	6728.42	107.76	56.26	578.24	742.26
宁安市	715.02	3250.94	1743.79	5709.75	134.10	231.19	346.95	712.24

2012 年牡丹江各区（市）县主要废水污染物排放情况表　　　　表 2-8

区(市)县	主要废水污染物							
	化学需氧量（t）				氨氮（t）			
	工业源	农业源	生活源	合计	工业源	农业源	生活源	合计
东安区	11.34	2340.77	2207.90	4560.01	0.04	176.07	437.30	613.41
阳明区	1954.88	2406.56	1725.87	6087.31	29.68	79.78	341.69	451.15
爱民区	477.49	2678.57	2895.97	6052.03	6.51	65.45	573.60	645.56
西安区	1.04	987.75	2745.44	3734.23	0.08	52.02	543.78	595.88
林口县	285.16	2992.72	1689.14	4967.02	10.55	121.24	334.56	466.35
海林市	3635.18	2121.08	3495.13	9251.39	19.78	84.09	692.27	796.14
宁安市	479.39	3233.91	2086.44	5799.73	31.54	147.87	413.26	592.67

2013 年牡丹江各区（市）县主要废水污染物排放情况表　　　　表 2-9

区(市)县	主要废水污染物							
	化学需氧量（t）				氨氮（t）			
	工业源	农业源	生活源	合计	工业源	农业源	生活源	合计
东安区	11.34	2289.27	2097.70	4398.31	1.21	166.46	423.52	591.19
阳明区	900.88	2355.06	1639.03	4894.97	14.16	71.38	329.70	415.24
爱民区	98.53	2626.25	2751.47	5476.25	7.67	57.05	555.83	620.55
西安区	5.99	987.75	2608.45	3602.19	0.43	52.02	525.88	578.33
林口县	595.77	2942.55	1604.86	5143.18	12.21	113.24	324.78	450.23
海林市	3948.49	2121.08	3320.73	9390.30	20.10	84.09	671.03	775.22
宁安市	530.11	3131.91	1982.33	5644.35	28.72	131.87	400.17	560.76

2014 年牡丹江各区（市）县主要废水污染物排放情况表　　　　表 2-10

区(市)县	主要废水污染物							
	化学需氧量（吨）				氨氮（t）			
	工业源	农业源	生活源	合计	工业源	农业源	生活源	合计
东安区	11.59	4320.93	2130.79	6463.31	0.13	272.27	426.25	698.65
阳明区	1654.21	3125.43	3301.32	8080.96	5.81	72.32	658.24	736.37
爱民区	497.24	2696.32	2644.05	5837.61	3.89	56.29	542.29	602.47
西安区	1108.69	2241.14	4012.33	7362.16	1.41	46.29	812.44	860.14
林口县	219.04	3393.33	1796.28	5408.65	4.66	111.49	350.15	466.30
海林市	1571.25	3205.85	3316.32	8093.42	10.82	78.26	658.24	747.32
宁安市	730.02	3850.14	1943.19	6523.35	11.45	254.19	426.65	692.29

2015 年牡丹江各区（市）县主要废水污染物排放情况表　　　　表 2-11

区(市)县	主要废水污染物							
	化学需氧量（吨）				氨氮（t）			
	工业源	农业源	生活源	合计	工业源	农业源	生活源	合计
东安区	11.86	3513.27	2190.79	5715.92	0.24	268.17	419.16	687.57
阳明区	898.28	3000.06	3321.32	7219.66	9.11	69.52	651.34	729.97
爱民区	98.13	3163.25	2724.05	5985.43	6.59	55.69	535.29	597.57
西安区	5.88	1324.75	4060.33	5390.96	3.31	42.31	807.44	853.06
林口县	594.56	3752.55	1788.28	6135.39	6.93	108.89	344.57	460.39
海林市	3947.17	2551.08	3356.32	9854.57	15.23	74.36	651.12	740.71
宁安市	530.23	5196.41	1953.19	7679.83	16.85	245.19	416.45	678.49

2.2.3 牡丹江流域工业行业水污染物排放情况

2012 年牡丹江流域工业废水排放总量 2537 万 t，排放量最大的行业是造纸行业，占总排放量的 34%，其次为冶金、饮料和食品行业，这 4 个行业废水排放量占总量的 84% 以上。主要污染物 COD 的排放量为 5827 t，排放量最大的行业为食品行业，占总量的 47%，其次为造纸、冶金和饮料行业，这 4 个行业 COD 累计排放量占总量的 96%；污染物氨氮的排放量为 83 t，排放量最大的行业为造纸行业，占总量的 40% 以上，其次为冶金、食品和电力行业，这 4 个行业 COD 累计排放量占总量的 86% 以上；从表 2-12 中还可以看出，牡丹江流域工业行业废水处理水平较高，其中 COD 去除率达 85%，氨氮去除率达 98%。作为 COD 产生大户的饮料行业，COD 产生量达到 11017 t，而排放量只有 519 t，去除率达 95%，食品行业的去除率也达到了 87%，造纸行业达到 52%，去除率有进一步提高的空间。氨氮产生最大的行业是冶金行业，2012 年产生氨氮 3215 t，而排放只有 21 t，去除率达到 99%，作为氨氮排放最大行业的造纸，氨氮去除率达 78%。从以上分析可以看出，造纸行业无论从废水排放量、COD、氨氮排放量上，还是从去除率上来看，都是需要重点关注的行业。

2015 年牡丹江流域工业废水排放总量 937.64 万 t，排放量最大的行业是造纸行业，占总排放量的 52.72%，其次为食品和石化行业，3 个行业废水排放量占总量的 88% 以上。主要污染物 COD 的排放量为 5184 t，排放量最大的行业为食品行业，占总量的 83%，其次为造纸行业，两个行业 COD 累计排放量占总量的 96%；污染物氨氮的排放量为 50 t，排放量最大的行业为食品行业，占总量的 38% 以上，其次为造纸行业，两个行业 COD 累计排放量占总量的 84% 以上，见表 2-13。

2012 年牡丹江流域工业行业水污染物排放情况表 表 2-12

行业	工业废水处理量（t）	工业废水排放量（t）		排入污水处理厂的化学需氧量浓度（mg/L）	排入污水处理厂的氨氮浓度（mg/L）	排入污水处理厂的石油类浓度（mg/L）	化学需氧量产生量（t）	化学需氧量排放量（t）	氨氮产生量（t）	氨氮排放量（t）
		合计	直接排入环境	排入污水处理厂							
电力	26556	191436	191436	0	0	0	0	47.585	39.995	6.1444	6.0869
建材	3397455	198723.1	198604.3	118.8	0	0	0	203.98	17.88	1.856	1.585
冶金	8245782	3866246	3866246	0	395	89.79	9.5	1353.46	618.92	3214.508	21.2048
石化	57146	57146	0	57146	54.6	0	5.3	61.58	1.82	2	0.2
交通运输	0	1150	1150	1150	2300	2300	3450	0	0	0	0

行业	工业废水处理量（t）	工业废水排放量（t）			排入污水处理厂的化学需氧量浓度（mg/L）	排入污水处理厂的氨氮浓度（mg/L）	排入污水处理厂的石油类浓度（mg/L）	化学需氧量产生量（t）	化学需氧量排放量（t）	氨氮产生量（t）	氨氮排放量（t）
		合计	直接排入环境	排入污水处理厂							
机械	340619	429937	429937	1150	2300	2300	3450	42.6	34.7	1.875	1.675
煤炭	106000	1440000	1440000	0	0	0	0	1430	78	420	2.92
木材	15000	43540	28540	15000	0	0	0	5.68	4.68	0.266	0.256
食品	1365050	2574650	1209600	1365050	137.77	17.71	0	20589.3	2736.184	250.041	11.271
烟草	36600	186600	150000	36600	35.05	6.03	0.062	73.4	73.29	0.507	0.267
医药	25200	27200	13200	14000	1247	9.06	0	56.14	2.13	5.93	0.146
饮料	3238000	2808000	588000	2220000	260	12	0	11016.84	519.38	12.368	3.968
造纸	8517600	8414800	8414800	0	495	7.755	0	4050.66	1700.519	158.32	33.89

2015 年牡丹江流域工业行业水污染物排放情况表　　　　表 2-13

行业	工业废水处理量（t）	工业废水排放量（t）			排入污水处理厂的化学需氧量浓度（mg/L）	排入污水处理厂的氨氮浓度（mg/L）	排入污水处理厂的石油类浓度（mg/L）	化学需氧量产生量（t）	化学需氧量排放量（t）	氨氮产生量（t）	氨氮排放量（t）
		合计	直接排入环境	排入污水处理厂							
电力	835293.19	442613.19	144846.19	297767	500	2	0	86.8135	27.4485	11.425	3.355
建材	500756.56	56879	56879	0	0	0	0	12.06	7.16	0.821	0.662
冶金	2058000	33600	33600	0	0	0	0	1.2	1.2	0.18	0.11
石化	730341.5	731341.5	731341.5	0	0	0	0	221.74	38.92	4.56	0.64
交通运输	590131.2	553131.2	30000	523131.2	31.8	2.33	0.25	33.62	29.82	1.92	1.9
机械	38964	325572.99	286608.99	38964	500	2	0	15.07	14.87	2.77	1.77
煤炭	0	6000	6000	0	0	0	0	0.7	0.7	0.02	0.02
木材	0	14380.2	14380.2	0	0	0	0	1.59	1.59	0.05	0.05
食品	681000	2580500	2580500		2	0.02	0	5513.74	4308.36	40.51	19.58
烟草	92010	92010	0	92010	74.5	6.11	0	4.8	3.6	0.45	0.35
医药	45470	107630	66660	40970	700	23	0	29.6	8.306	2.65	0.709
饮料	478543	478543	478543	0	176	1.8	15.6	1252.77	55.68	3.77	2.7
造纸	5359665.2	4947097.2	4947097.2	0	1875	8.1	0	3217.0778	686.919	30.684	18.51

2.2.4 牡丹江流域废水治理状况

2.2.4.1 污水处理厂建设及运行情况

"十一五"末，牡丹江流域4个控制单元共建成污水处理厂2家，分别是牡丹江市污水处理厂（一期）和海林市污水处理厂。"十二五"期间，4个控制单元全部建成污水处理厂，并全部投入运营。污水设计处理能力达到26万t/d。污水处理厂基本情况和运行情况见表2-14。

污水处理厂基本情况和运行情况表　　　　　　　　表2-14

县市污水处理厂	设计规模（万t/d）	实际处理量（万t/d）	处理工艺	污泥处理方式	管网长度（km）	建成及运行时间	投资（万元）
牡丹江市污水处理厂（一期）	10	10	二级生化AO法	日产100吨垃圾厂填埋	190	2002年始建，2007年运行	24000
海林市污水处理厂	2	1.5	BRAS	垃圾处理填埋	34	2008年10月建成并运行	7851
宁安市污水处理厂	2	1.9	A/O	垃圾处理填埋	9.7	2010年9月建成并试运行	7405
林口县污水处理厂	2	1.0	CAST	垃圾处理填埋	20	2010年12月完工并运行	5400
牡丹江市污水处理厂（二期）	10	7.8	A²/O	垃圾场填埋	39	2015年完工并运行	20000

截至2015年年末，牡丹江流域建成并运行的污水处理厂有5座，分别是牡丹江城市污水处理厂（一期）、牡丹江城市污水处理厂（二期）、海林市污水处理厂、宁安市污水处理厂和林口县污水处理厂，各水厂运行情况见表2-15，牡丹江城市污水处理厂（一期）的运行负荷率达到100%，牡丹江城市污水处理厂（二期）的运行负荷率达到78%。

根据环统数据统计，2015年牡丹江流域生活污水排放量8874万t，其中处理量8258万t。牡丹江市辖区生活污水处理量为6519万t，处理率为100%，林口县生活污水处理率为100%，海林市为50%，宁安市为92%，牡丹江市的生活污水平均处理率为93.06%。4个控制单元中，污染物去除率不高，化学需氧量去除率在44%左右，而氨氮去除率则仅有21%左右，见表2-16。

表 2-15

2015 年牡丹江流域污水处理厂运行情况

序号	污水处理厂名称	运行时间	处理工艺	管网（km）	运行天数	污水实际处理量（t/d）	污水设计处理能力（万 t/d）	污水年处理量（万 t）	进水 COD 平均浓度（mg/L）	出水 COD 平均浓度（mg/L）	进水氨氮平均浓度（mg/L）	出水氨氮平均浓度（mg/L）
1	牡丹江市污水处理厂（一期）	2002 年建，2007 年运行	A/O	190	全年	10	10	3652	322.2	45.3	25.19	8.77
2	海林市污水处理厂	2008 年 10 月建成并运行	BRAS	34	全年	1.5	2	550	304	43	22	4.16
3	宁安市污水处理厂	2010 年 9 月建成并试运行	A²/O	9.7	全年	1.9	2	627	298	51.57	22.52	4.9
4	林口县污水处理厂	2010 年 12 月完工并试运行	CAST	20	全年	1.0	2	562	261	36.07	16.6	5.89
5	牡丹江市污水处理厂（二期）	2015 年完工并运行	A²/O	39	全年	7.8	10	2867	322.2	45.3	25.19	8.77

表 2-16

2015 年牡丹江流域城市生活污水处理率及污染物去除率统计表

县（市）	生活污水排放量（万 t）	生活污水处理量（万 t）	生活污水处理率（%）	生活污水中化学需氧量产生量（t）	污水处理厂去除生活污水中 COD 量（t）	城镇生活污水中化学需氧量去除率（%）	生活污水氨氮产生量（t）	污水处理厂去除生活污水中氨氮量（t）	生活污水氨氮去除率（%）
市辖区	6519	6519	100	29199	15409.34	52.77	3151.8	913.75	28.99
海林市	1110	550	50.00	6270	1409.4	22.48	755	—	—
宁安市	682.6	627	92.00	3743	1533	40.96	407	109.6	26.93
林口县	562	562	100.00	3030	1273	42.01	289	60.5	20.93
总计	8873.6	8258	93.06	42242	19624.74	43.94	4602	1083.8	21.41

2.2.4.2 牡丹江流域重点工业企业污水处理状况

根据环统数据统计，2015 年，各个控制单元污染物去除率不高，化学需氧量去除率为 68.66% 左右，而氨氮去除率则仅有 49.54%，见表 2-17。

2015 年各县市重点工业企业污水处理状况表 表 2-17

县（市）	工业废水排放量（t）	工业废水处理量（t）	化学需氧量产生量（t）	化学需氧量排放量（t）	化学需氧量去除率（%）	氨氮产生量（t）	氨氮排放量（t）	氨氮去除率（%）
市辖区	6222067	5827160	3709.34	331.42	91.07	29.90	14.04	53.05
林口县	173700	189400	52.46	8.54	83.73	1.13	0.60	46.91
海林市	1439510	3259010	5149.84	4634.82	10.01	33.78	29.92	11.43
宁安市	3574897	1093727	1479.14	209.79	75.82	34.99	5.80	83.43
合计	11410174	10369297	10390.78	5184.57	68.66	99.80	50.36	49.54

2.3 牡丹江流域水环境质量评价

2.3.1 水质监测断面布设与水质监测

2.3.1.1 监测断面布设

要研究牡丹江流域经济发展模式与水环境的关系，需系统地监测和分析牡丹江不同空间和时间尺度的水质环境情况，并研究牡丹江的水环境与水污染特征。为了全面评价牡丹江水体的污染现状，在充分考虑水环境功能分区及沿江污染源分布的情况下，进行了牡丹江流域常规水质监测断面的优化布设，布设了 18 个常规水质监测断面。监测断面见表 2-18 和图 2-6。全年采样 8 次（除 3 月、4 月、11 月、12 月外 1 个月 1 次）。监测项目包括地表水环境质量标准基本项目 24 项。采样、监测按照国家标准进行。

干流监测断面、监测项目、采样次数与频次设置表 表 2-18

编号	水域名称	断面名称	长度（km）	断面性质	断面涵义	水体功能区类别
1	牡丹江干流	大山咀子	—	省控断面	代表吉林省来水水质	Ⅲ
2	镜泊湖	老鸹砬子	8	国控断面	代表入镜泊湖水质	Ⅲ
3		电视塔	34	国控断面	代表镜泊湖水质	Ⅱ
4	果树场	果树场	10	国控断面	代表镜泊湖出水水质	Ⅱ

编号	水域名称	断面名称	长度（km）	断面性质	断面涵义	水体功能区类别
5	牡丹江干流	西阁	79	市控断面	代表西阁水源地水质	III
6		温春大桥	40.5	市控断面	代表牡丹江市区来水水质	III
7	海浪河	海林桥	211.5	市控断面	代表海林市水源地水质面	II
8		海浪河口内	5.5	省控断面	代表海浪河入牡丹江水质	III
9	牡丹江干流	海浪	6	省控断面	代表海浪河与牡丹江混合水质	III
10		江滨大桥	10	省控断面	工业用水控制断面	III
11		柴河大桥	25	国控断面	代表牡丹江市区出水水质	III
12	莲花水库	群力	75	市控断面	代表莲花湖来水水质	II
13		三道	10	市控断面	代表莲花湖水质	II
14		大坝	14	市控断面	代表莲花湖出水水质	II
15	乌斯浑河	龙爪	43	市控断面	代表林口县上游来水水质	II
16		东关	98	市控断面	代表林口县下游出水水质	III
17	牡丹江干流	花脸沟	28.5	省控断面	代表牡丹江市出境水质	III
18		牡丹江口内	100	国控断面	代表牡丹江入松花江水质	III

图 2-6　牡丹江断面位置图

2.3.1.2 水质监测

根据所设置的监测断面,进行了 2012 ~ 2014 年 3 个完整水文年枯水期(1、2 月)、平水期(5、6、10 月)、丰水期(7、8、9 月)的常规水质监测。同时进行沿江排污口、重点污染源监测。

2.3.1.3 水质评价方法

根据 2012 ~ 2015 年水质监测结果和收集的 2000 ~ 2011 年监测数据,进行断面单项污染指数评价、有机污染综合指数水质评价、环境功能区达标评价,计算各断面污染分担率、污染负荷比,得出牡丹江水环境污染特征。

(1)单项污染指数评价法

评价牡丹江丰水期、平水期、枯水期水质现状,给出超标项目与超标倍数。计算污染分担率、污染负荷比。

(2)功能区达标评价法

根据水质现状监测资料和《黑龙江省地表水功能区标准》DB 23/T740—2003 要求,结合单项污染指数评价结果,作出功能达标评价。

2.3.2 牡丹江流域水质评价

主要是对牡丹江流域的历年水质状况和近 3 年的水质状况进行评价并进行对比分析。

2.3.2.1 牡丹江流域历年水质状况

牡丹江 2000 ~ 2010 年各类水质统计结果见表 2-19,水质比例变化趋势见图 2-7。通过牡丹江近十年水质监测、评价及变化趋势研究,牡丹江为有机污染河流,主要污染物为高锰酸盐指数、氨氮、总磷、总氮(湖、库),单项污染指数评价表明多数断面不能达到水体功能区划要求。2008 ~ 2010 年,牡丹江干流为轻度污染,2009 年牡丹江干流消灭了劣 V 水体。通过对 2000 ~ 2010 年近十年各类水质比例变化趋势图分析可以看出,牡丹江 II ~ III 类水质比例呈波动变化,到 2010 年有所升高;IV 类水质比例呈波动变化,2010 年比 2000 年有所降低;V 类水质比例呈波动变化;劣 V 类水质比例呈波动下降。

牡丹江各类水质统计表(单位:%)   表 2-19

年 水质	2000	2001	2002	2003	2004	2005	2006	2007	2008	2009	2010
II	8.33	—	—	3.03	—	—	—	—	2.38	8.33	—
III	37.50	11.11	14.81	6.06	33.33	21.21	36.36	42.42	59.52	27.08	52.63
IV	50	77.78	51.85	51.52	42.42	66.67	45.45	27.27	30.95	52.08	31.58

续表

年 水质	2000	2001	2002	2003	2004	2005	2006	2007	2008	2009	2010
V	—	11.11	22.22	27.27	12.12	9.09	6.06	18.18	2.38	12.50	15.79
劣 V	4.17	—	11.11	12.12	12.12	3.03	12.12	12.12	4.76	—	—

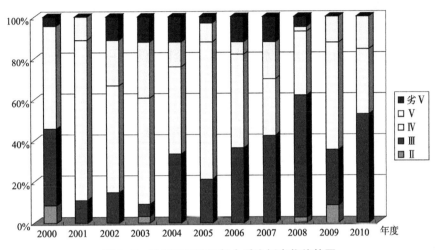

图 2-7　牡丹江干流历年水质比例变化趋势图

2.3.2.2　2011～2015 年牡丹江流域水质状况

2015 年牡丹江市地表水主要监测断面水质类别见表 2-20。2015 年牡丹江水系水质为优，Ⅰ～Ⅲ类水质断面所占比例为 100%。2015 年牡丹江干流柴河大桥、海浪河口内断面枯水期水质污染相对较重，达到Ⅳ类水体标准，主要超标指标为氨氮和总磷。

2015 年牡丹江干流各断面水质类别表　　　表 2-20

断面名称	区划类别	丰水期	枯水期	平水期	全年平均	超标指标（超标率）
大山咀子	Ⅲ	Ⅲ	Ⅲ	Ⅲ	Ⅲ	—
果树场	Ⅲ	Ⅲ	Ⅲ	Ⅲ	Ⅲ	—
石岩	Ⅲ	Ⅱ	Ⅱ	Ⅱ	Ⅱ	—
西阁	Ⅲ	Ⅱ	Ⅱ	Ⅱ	Ⅱ	—
临江	Ⅲ	Ⅱ	Ⅱ	Ⅱ	Ⅱ	—
海浪	Ⅲ	Ⅲ	Ⅲ	Ⅲ	Ⅲ	—
江滨大桥	Ⅲ	Ⅲ	Ⅲ	Ⅲ	Ⅲ	—
柴河大桥	Ⅲ	Ⅲ	Ⅳ	Ⅲ	Ⅲ	氨氮 12.5% 总磷 12.5%

续表

断面名称	区划类别	丰水期	枯水期	平水期	全年平均	超标指标（超标率）
花脸沟	Ⅲ	Ⅲ	Ⅲ	Ⅲ	Ⅲ	—
海林桥	Ⅱ	Ⅲ	Ⅱ	Ⅲ	Ⅱ	—
海浪河口内	Ⅲ	Ⅲ	Ⅳ	Ⅲ	Ⅲ	氨氮 12.5%
龙爪	Ⅱ	Ⅲ	Ⅲ	Ⅲ	Ⅲ	高锰酸盐指数 12.5%

"十二五"期间，牡丹江水系水质为优，10个监测断面中Ⅰ～Ⅲ类水质断面所占比例为 100%（表 2-21）。

"十二五"期间牡丹江市地表水水质类别表　　　　　表 2-21

断面名称	区划类别	2011 年	2012 年	2013 年	2014 年	2015 年	"十二五"平均	超标指标（超标率）
大山咀子	Ⅲ	Ⅲ	Ⅳ	Ⅲ	Ⅲ	Ⅲ	Ⅲ	高锰酸盐指数 27.5%　总磷 2.5%
果树场	Ⅲ	Ⅲ	Ⅲ	Ⅲ	Ⅲ	Ⅲ	Ⅲ	—
石岩	Ⅲ	Ⅱ	Ⅱ	Ⅱ	Ⅱ	Ⅱ	Ⅱ	—
西阁	Ⅲ	Ⅱ	Ⅱ	Ⅲ	Ⅱ	Ⅱ	Ⅱ	—
海浪	Ⅲ	Ⅲ	Ⅲ	Ⅲ	Ⅲ	Ⅲ	Ⅲ	—
江滨大桥	Ⅲ	Ⅲ	Ⅲ	Ⅲ	Ⅲ	Ⅲ	Ⅲ	—
柴河大桥	Ⅲ	Ⅳ	Ⅲ	Ⅲ	Ⅲ	Ⅲ	Ⅲ	氨氮 22.5%　高锰酸盐指数 20.0%　总磷 12.5%
花脸沟	Ⅲ	Ⅲ	Ⅲ	Ⅲ	Ⅲ	Ⅲ	Ⅲ	—
海林桥	Ⅱ	Ⅱ	Ⅱ	Ⅱ	Ⅱ	Ⅱ	Ⅱ	—
海浪河口内	Ⅲ	Ⅲ	Ⅲ	Ⅲ	Ⅲ	Ⅲ	Ⅲ	—

2.3.2.3 柴河大桥断面水质改善状况分析

2015 年与 2010 年柴河大桥断面水质对比见表 2-22，年度和分水期水质类别没有发生变化，均为Ⅳ类，但是超标因子由 3 个减少到 1 个，超标因子为总氮，水质在好转。从历年变化情况来看，2011 年水质达到劣Ⅴ类，2012～2015 年度年均水质均为Ⅳ类，但超标因子均为 1 个，2013～2015 年超标因子均为总氮。

柴河铁路桥断面2010 ~ 2015 年水质评价结果表　　　　表 2-22

断面名称	年度	评价分期	水质类别	超标因子及超标倍数
柴河 铁路桥	2010	F	IV	高锰酸盐指数（0.405）；氨氮（0.24）；总氮（0.29）
		K	IV	氨氮（0.48）；总氮（0.015）
		P	IV	高锰酸盐指数（0.28）；总氮（0.33）
		年均	IV	高锰酸盐指数（0.22）；氨氮（0.09）；总氮（0.24）
	2011	F		
		K	劣V	氨氮（1.22）；总氮（1.235）；总磷（0.2）
	2011	P	IV	高锰酸盐指数（0.03）
		年均	劣V	高锰酸盐指数（0.03）；氨氮（0.07）；总氮（1.24）
	2012	F		
		K	V	氨氮（0.87）；粪大肠菌群（0.11）
		P	IV	化学需氧量（0.02）；粪大肠菌群（0.18）
		年均	IV	粪大肠菌群（0.07）
	2013	F	IV	高锰酸盐指数（0.04）；化学需氧量（0.05）；总氮（0.28）
		K	IV	总氮（0.405）
		P	IV	高锰酸盐指数（0.017）；化学需氧量（0.12）；总氮（0.23）
		年均	IV	总氮（0.29）
	2014	F	IV	粪大肠菌群（0.28）
		K	IV	总氮（0.48）
		P	III	
		年均	IV	总氮（0.09）
	2015	F	IV	总氮（0.29）
		K	IV	总氮（0.94）
		P	IV	总氮（0.39）
		年均	IV	总氮（0.52）

注：F　丰水期；K　枯水期；P　平水期。

　　从 2013 年开始，高锰酸盐指数和氨氮均达标，国控柴河大桥断面在不考虑总氮指标的情况下，水质能够达到 III 类水环境功能区的要求，表明水质在好转。

　　从柴河大桥断面 2010 ~ 2015 年高锰酸盐指数、氨氮浓度变化趋势（图 2-8、图 2-9）中可以看出，柴河大桥断面近高锰酸盐指数、氨氮呈下降趋势，且在 2012 ~ 2015 年均达到 III 类水体功能区划的要求。

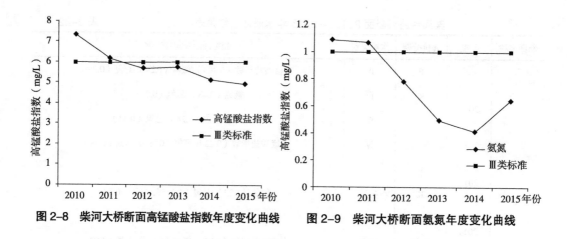

图 2-8　柴河大桥断面高锰酸盐指数年度变化曲线　图 2-9　柴河大桥断面氨氮年度变化曲线

2.4　牡丹江流域水环境问题分析

（1）面源污染严重。从 COD 排放量上来看，农业源排放占第一位。面源污染严重，生活污染排放虽然比农业源低，但是占比与农业源相当。

（2）生活污染排放增加造成河流污染加重。生活污水排放量随人口数量的上升和城镇化率的提高显著增加，亟需增加乡镇污水处理设施来解决乡镇生活污水给水环境带来的压力。

（3）城区污水处理厂处理能力需继续提高。"十二五"的前 4 年，牡丹江市污水处理厂一直是满负荷运行，污水处理厂处理能力不足，在 2015 年随着牡丹江市污水处理厂二期的建设运行，牡丹江市污水处理能力得到进一步提高，城市污水集中处理率达到 93.06%，但乡镇污水几乎没有处理，需重点加强乡镇污水处理厂建设。

（4）加强管网建设提高污水收集率。虽然牡丹江市污水处理厂二期现在已经在运行，但是牡丹江仍然有部分生活污水和企业排放废水没有进入污水处理厂，进一步提高管网建设是提高污水处理率的保证。

2.5　小结

通过研究，本书全面系统地得出牡丹江流域"十一五"末期面临的主要水环境问题：

牡丹江水资源总量短缺，且分布与人口、经济发展不相适应；水环境日趋恶化，改善和保护水环境势在必行；调蓄能力不足，水资源利用效率低；水资源管理体制不适应水资源开发利用的要求，节水工作有待于进一步加强。

　　"十一五"期间牡丹江流域工业废水排放和生活废水排放分别占 47% 和 53%，工业排放仍然占有较大比例。从工业行业废水排放情况看，废水排放较大行业包括造纸行业、冶金、饮料和食品行业，COD 的排放量最大的行业包括食品、造纸、冶金、饮料行业，氨氮的排放量较大行业包括造纸、冶金、食品、电力行业。

　　从地表水评价结果来看，2010 年，牡丹江流域仍然存在 V 类水体，国控柴河大桥断面不能稳定达到 Ⅲ 类水质。牡丹江流域面临的水环境问题包括：面源污染严重、生活污染排放增加造成河流污染加重、城区污水处理厂污染物去除率需继续提高和污水收集率不高。

第 3 章
牡丹江经济发展与水环境关系研究

经济发展与环境保护互相联系又互相制约，研究二者之间的关系可以为牡丹江流域经济增长与水环境保护之间的协调决策提供一定的科学依据，在流域层面给出基于环境保护的经济发展策略。经济与水环境之间包括经济与水资源的关系和经济与水环境污染的关系。本章通过分析牡丹江流域的产业结构偏水度实现评价牡丹江工业用水状况，给出牡丹江流域产业结构偏向高耗水产业程度。对于经济与环境污染之间的关系则利用人均 GDP 作为经济指标，环境指标则选取废水排放总量、工业废水排放总量、生活污水排放量、生活污水化学需氧量排放量、挥发酚、油类物质排放量、高锰酸盐指数和氨氮浓度，利用统计学工具分析经济与环境的关系。在此基础上，还分析了牡丹江流域产业结构演变及其对牡丹江水环境的影响，分析了 2000 ~ 2015 年牡丹江三产的变化及三产变化对水环境的影响。

3.1 城市产业结构偏水度

3.1.1 单位产出耗水量在不同的部门间的分配

将牡丹江所有的产业部门按照其单位产出耗水量（如万元产值耗水量、万元利润耗水量、万元税收耗水量或单位产品耗水量）从大到小排列，将单位产出耗水量最大的产业部门排在第一位，并赋位置值 1，将单位产出耗水量次之的产业部门排在第二位，并赋位置值 2，将单位产出耗水量最少的产业部门排在最后的位置，赋位置值 N。计算各产业部门的产出在全市总产出中的比例（例如全市总产值为 100 亿，某产业部门的产值为 10 亿，则其产值比例为 10% 或 0.1）。将各产业部门的产出比例（纵坐标）与产业部门的位置（横坐标）在直角坐标系中表达出来，考察产出比例在各产业部门间的分布情形，分析 2005 ~ 2015 年产出在各产业部门间的分布趋势（图 3-1）。

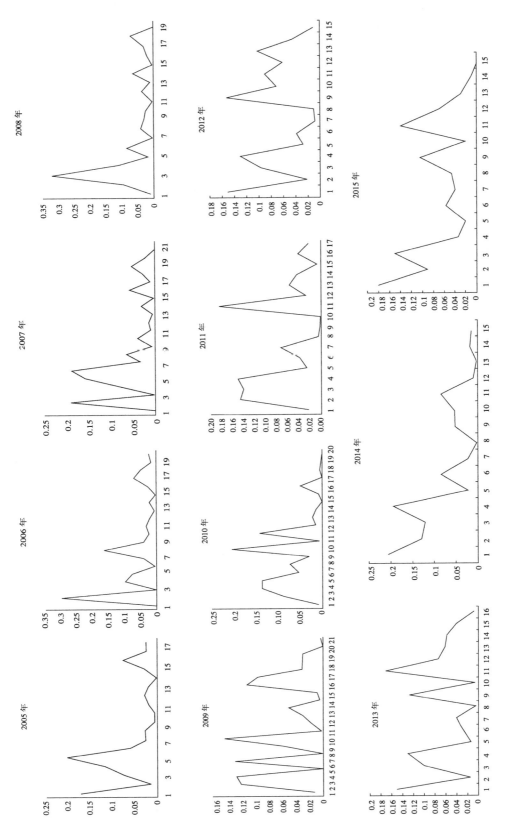

图 3-1　产出在单位产出耗水量不同的部门间的分配

牡丹江产业结构的偏水度按照下式进行计算：

$$P = \frac{N \times EE - \sum_{i=1}^{N} E_i i}{(N-1) \, EE}$$

$$EE = \sum_{i=1}^{N} E_i$$

式中：P 为产业结构的偏水度；E_i 为经济产出量（如产值，利润等）；i 为产业部门位置值；N 为产业部门的总数（$N > 1$）；EE 为经济的总产出。

从图 3-1 可以看出，2005 年至 2015 年单位产出耗水量比较多的产业在全市总产出中所占的比例比较大，产业结构比较偏向于单位产出耗水多的产业，2009 ~ 2015 年的情况有所改善，单位产出耗水少的产业的比重在提高。

3.1.2 牡丹江产业结构偏水度评价

牡丹江市 2005 ~ 2015 年的产业结构偏水度评价结果见表 3-1 和图 3-2。

牡丹江市 2005 ~ 2015 年的产业结构偏水度评价结果表　　　　表 3-1

年份	2005	2006	2007	2008	2009	2010	2011	2012	2013	2014	2015
偏水度	0.70	0.75	0.66	0.67	0.60	0.69	0.61	0.55	0.56	0.63	0.63

总体来看，牡丹江市"十一五"和"十二五"期间的产业结构主要偏向耗水多的行业，除了 2012 年和 2013 年，其他年份偏水度都超过了 0.6。

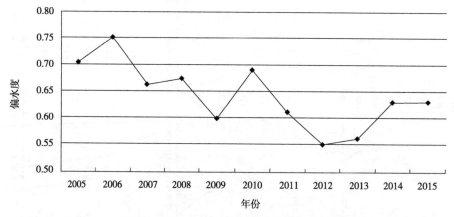

图 3-2　牡丹江 2005 ~ 2015 年产业结构偏水度变化趋势图

从发展的趋势看，"十一五"和"十二五"期间牡丹江市的产业偏水度有下降的趋势，从 2005 ~ 2015 年，产业结构偏水度下降了 10%。这意味着工业生产正快速向单位产出耗水较少的方向转移。这与牡丹江市"十一五"和"十二五"期间实施节能减排、节约水资源的工作是分不开的。但同时我们也应该看到，牡丹江市整体产业仍然处于高耗水的状态。

3.1.3　行业产值比例关系分布

各个行业万元产值耗水量按照从高到低的顺序排序作为横坐标，行业在国民经济中的比重作为纵坐标，得到2005～2015年各行业产出比例排序图，具体见表3-2和图3-3～图3-13。为做图方便，各产业部门均以代号表示，各产业部门与其代号对比见表3-2。

牡丹江各产业部门与其代码表　　　　　　　　　　　表3-2

代号	行业	代号	行业	代号	行业
A	电力、热力的生产和供应业	I	非金属矿采选业	Q	电气机械及器材制造业
B	水的生产和供应业	J	农副食品加工业	R	专用设备制造业
C	橡胶制品业	K	医药制造业	S	其他采矿业
D	化学原料及化学制品制造业	L	通用设备制造业	T	石油加工、炼焦及核燃料加工业
E	造纸及纸制品业	M	交通运输设备制造业	U	有色金属矿采选业
F	非金属矿物制品业	N	食品制造业	V	黑色金属冶炼及压延加工业
G	木材加工及木竹藤棕草制品业	O	纺织业	W	其他行业
H	饮料制造业	P	烟草制品业	X	煤炭开采和洗选业

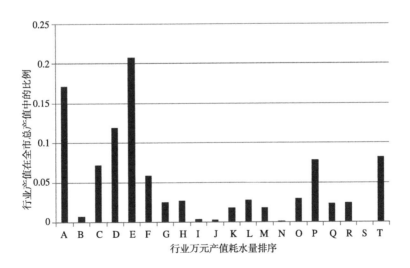

图 3-3　牡丹江 2005 年各行业产出比例排序图

2005 年万元产值耗水量比较大，而在牡丹江国民经济中又占有较大贡献率的行业主要有：电力、热力的生产和供应业、橡胶制品业、化学原料及化学制品制造业、造纸及纸制品业。

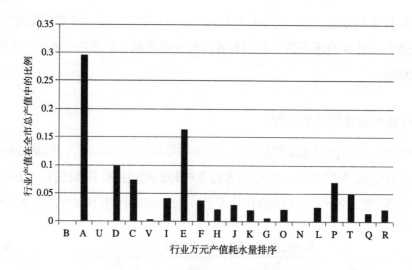

图 3-4 牡丹江 2006 年各行业产出比例排序图

2006 年万元产值耗水量比较大，而在牡丹江国民经济中又占有较大贡献率的行业主要有：电力、热力的生产和供应业、橡胶制品业、化学原料及化学制品制造业、造纸及纸制品业。

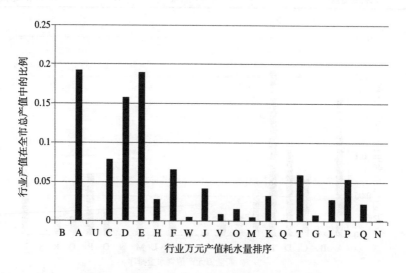

图 3-5 牡丹江 2007 年各行业产出比例排序图

2007 年万元产值耗水量比较大，而在牡丹江国民经济中又占有较大贡献率的行业主要有：电力、热力的生产和供应业、橡胶制品业、化学原料及化学制品制造业、造纸及纸制品业、非金属矿物制品业。

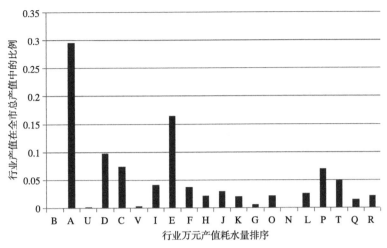

图 3-6　牡丹江 2008 年各行业产出比例排序图

2008 年万元产值耗水量比较大，而在牡丹江国民经济中又占有较大贡献率的行业主要有：电力、热力的生产和供应业、橡胶制品业、化学原料及化学制品制造业、非金属矿采选业、造纸及纸制品业。

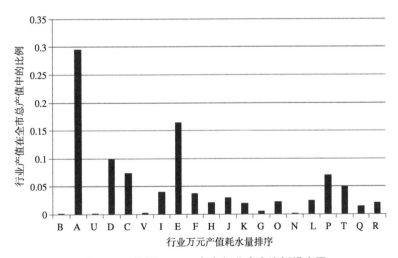

图 3-7　牡丹江 2009 年各行业产出比例排序图

2009 年万元产值耗水量比较大，而在牡丹江国民经济中又占有较大贡献率的行业主要有：电力、热力的生产和供应业、橡胶制品业、化学原料及化学制品制造业、非金属矿采选业、造纸及纸制品业。

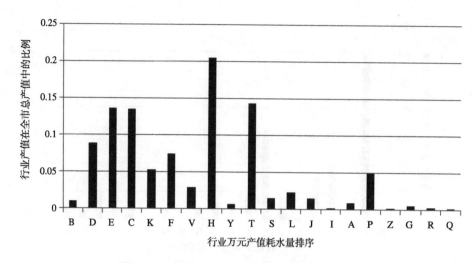

图 3-8　牡丹江 2010 年各行业产出比例排序图

　　2010 年万元产值耗水量比较大，而在牡丹江国民经济中又占有较大贡献率的行业主要有：橡胶制品业、化学原料及化学制品制造业、饮料制造业、造纸及纸制品业、石油加工、炼焦及核燃料加工业。

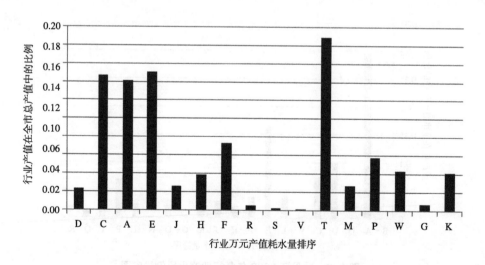

图 3-9　牡丹江 2011 年各行业产出比例排序图

　　2011 年万元产值耗水量比较大，而在牡丹江国民经济中又占有较大贡献率的行业主要有：电力、热力的生产和供应业、橡胶制品业、造纸及纸制品业、石油加工、炼焦及核燃料加工业。

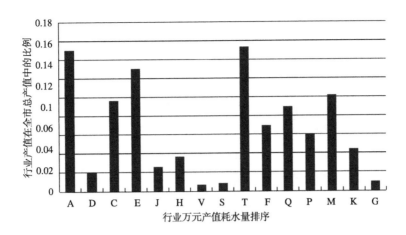

图 3-10　牡丹江 2012 年各行业产出比例排序图

2012 年万元产值耗水量比较大，而在牡丹江国民经济中又占有较大贡献率的行业主要有：电力、热力的生产和供应业、造纸及纸制品业、橡胶制品业和石油加工、炼焦及核燃料加工业。

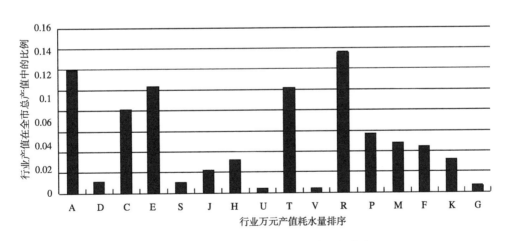

图 3-11　牡丹江 2013 年各行业产出比例排序图

2013 年万元产值耗水量比较大，而在牡丹江国民经济中又占有较大贡献率的行业主要有：电力、热力的生产和供应业、电气机械及器材制造业、专用设备制造业、橡胶制品业、造纸及纸制品业。

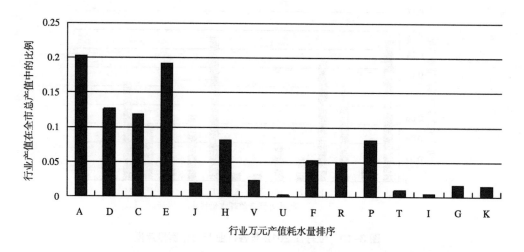

图 3-12 牡丹江 2014 年各行业产出比例排序图

2014 年万元产值耗水量比较大，而在牡丹江国民经济中又占有较大贡献率的行业主要有：电力、热力的生产和供应业、橡胶制品业、化学原料及化学制品制造业、造纸及纸制品业。

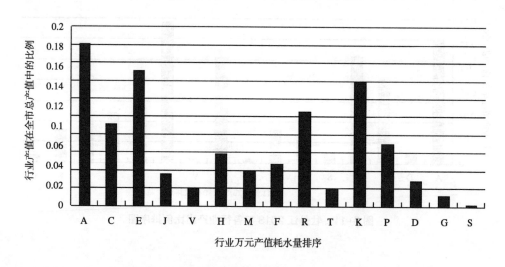

图 3-13 牡丹江 2015 年各行业产出比例排序图

2015 年万元产值耗水量比较大，而在牡丹江国民经济中又占有较大贡献率的行业主要有：电力、热力的生产和供应业、橡胶制品业、造纸及纸制品业、医药行业。

从图 3-3 ～ 图 3-13 可以看出，2005 ～ 2015 年，在牡丹江国民经济中贡献较大，耗水量也比较大的行业主要有 4 个，分别是:电力、热力的生产和供应业、橡胶制品业、化学原料及化学制品制造业、造纸及纸制品业。单位产出耗水高的产业比例虽然每一年变化不定，但产值分布的重心本质上并未改变。

3.2　经济活动对流域水环境影响的研究

21 世纪，中国面临经济发展与环境保护的双重任务，如何在经济发展的同时，使区域的水环境质量得到保护乃至改善仍然是国家及各级政府面临的重要任务。经济发展与环境保护互相联系又互相制约，对于二者之间的关系，有学者进行了大量的研究工作。李兆前认为循环经济克服了传统经济理论人为割裂经济与环境系统的弊端，实现了经济与环境、资源之间的相互协调。金乐琴等认为低碳经济是发达国家为应对全球气候变化而提出的新的经济发展模式，目前它正成为一种新的国际潮流，中国作为发展中的温室气体排放大国，在向低碳经济转型的过程中应积极做好准备。曾嵘等试图运用系统论思想，提出人口、资源、环境与经济的协调发展复杂系统的概念。以上学者通过发展循环经济、低碳经济和采用系统论的思想解决经济与环境保护之间的矛盾。还有一些学者通过研究经济与环境数据之间的关系，建立模型，以模型优化结果指导经济的发展和环境保护。吴玉萍等通过分析经济因子与环境因子相互关系，探究北京市经济增长与环境质量演替轨迹，建立了北京市经济增长与环境污染水平计量模型。王西琴采用模块化设计思想，构建了水环境保护与经济发展的决策模型，通过对多级模型的求解，获得既符合经济发展目标，又满足环境保护要求的合理的经济结构和合适的发展速度。王西琴等还基于改进的经济、环境、资源、污染治理投入产出模型，建立了区域水环境经济多目标优化规划模型。还有学者对经济增长与环境质量变化之间的关系进行了研究，阐明二者之间的演替关系。20 世纪 90 年代初美国环境经济学家 Grossman、Krueger、Shafik 和 Bandyopadhyay 根据经验数据提出了环境库兹涅茨曲线的概念，在讨论国家或区域经济发展与环境污染关系时常被引用，并形象地称为经济发展与环境污染水平呈倒 "U" 字形关系。沈锋运用环境库兹涅茨理论和综合评价理论，建立了上海综合环境污染与经济增长的科学评价模型，发现其与发达国家和一般新兴发展中国家的倒 "U" 形环境库兹涅茨曲线不同。王宜虎根据南京市 1991 ~ 2003 年经济与环境数据，分析了经济发展与环境污染的相互关系，建立了南京市经济增长与环境污染水平的计量模型，进而评价了南京市的环境保护政策。苏伟等利用吉林省 1986 ~ 2004 年经济与环境数据，建立了人均 GDP 与典型环境指标关系计量模型并分析了两者之间关系，吉林省人均GDP与环境指标之间没有明显的EKC关系，二氧化硫（SO_2）浓度、总悬浮颗粒物（TSP）年均浓度、工业废水排放量、工业废水中化学耗氧量（COD）排放量随着经济的发展总体呈现下降趋势。

以上研究都是基于国家和省级层面进行的分析，如果从流域的角度出发是否还有类似的规律？本研究拟在分析牡丹江流域经济增长与水环境质量之间关系的基础上，利用牡丹江流域的数据研究流域地区经济增长和环境质量之间的规律、人均收入水平与流域水环境质量改善之间的关系，以便为牡丹江流域经济增长与水环境保护之间的协调决策提供一定的科学依据，在流域层面给出经济发展与环境污染之间的关系。

3.2.1 牡丹江流域概况及经济结构演变

了解牡丹江地区的经济发展状况是分析经济增长与环境之间关系的基础。2010年牡丹江地区生产总值、人均地区生产总值分别达到781亿元、28115元，五年年均分别增长16.4%、15.6%，分别比"十五"时期加快7.7个、6.4个百分点，产业结构进一步优化，三次产业比例调整为16∶39.5∶44.5。从历史上来看，中国改革开放给牡丹江经济注入了极大活力，1994～2015年间GDP增长了10.5倍；人均GDP由1994年的3905元增长到2015年的44913元（图3-14）。过去十年间牡丹江经济增长结构：第三产业占GDP的比例由于第二产业的快速发展而减少，第一产业所占比例变化不大。

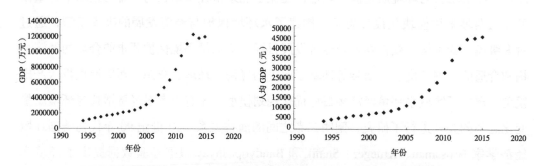

图3-14 牡丹江1994～2015年GDP和人均GDP增长变化曲线

3.2.2 经济增长与水环境质量关系模型的构建

3.2.2.1 环境库兹涅茨曲线简介

Grossman和Shafik等在20世纪90年代初提出的环境库兹涅茨曲线，用来描述经济发展与环境污染的关系。大量的经验数据表明，随着经济的发展（人均收入），环境污染的程度呈现先上升后下降的曲线变化，被形象地称倒"U"形曲线，见图3-15。

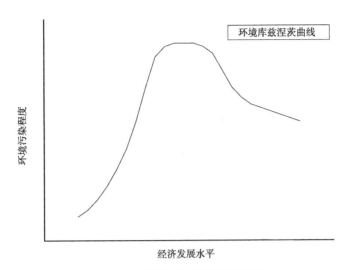

图 3-15　环境库兹涅茨曲线示意图

3.2.2.2　水环境指标的选取

与经济发展水平密切相关的水环境质量指标包括废水排放总量、工业废水排放总量、工业废水化学需氧量排放量、生活污水排放量、生活污水化学需氧量排放量、挥发酚及油类物质排放量的环境统计数据。此外为了检验经济指标与水体中高锰酸盐指数和氨氮浓度的相关性，本研究也选取了 1994 ~ 2015 年高锰酸盐指数和氨氮的年均浓度进行分析，将以上所选取的典型环境指标与人均 GDP 进行相关分析，见表 3-3。从表格中可以看出与经济指标人均 GDP 相关的环境指标包括废水排放总量、工业废水排放总量、生活污水排放量、生活污水化学需氧量排放量、高锰酸盐指数及油类物质排放量，挥发酚和氨氮浓度与人均 GDP 相关性较低，这是因为挥发酚和氨氮浓度与工业源和生活源相关，氨氮还与贡献占比最大的面源污染相关。在接下来计量模型的构建中，选择与经济指标相关的 6 个环境指标进行模型的构建和后续分析工作。

牡丹江流域经济指标与环境指标相关性系数及显著性检验　　表 3-3

		废水排放总量	工业废水排放总量	工业废水化学耗氧量排放量	生活污水排放量	生活污水化学需氧量排放量	石油类排放量	挥发酚排放量	高锰酸盐指数	氨氮
人均 GDP	Pearson 相关性	— .769**	— .782**	— .526*	.941**	— .898**	— .759**	— .442*	— .827**	.295
	显著性（双侧）	.000	.001	.012	.000	.000	.010	.039	.000	.408

注：** 表示在 0.1 水平（双侧）上显著相关，* 表示在 0.05 水平（双侧）上显著相关

3.2.2.3 计量模型构建

利用牡丹江 1994～2015 年统计年鉴数据和环境统计数据资料，借助统计学软件，分析经济指标（人均 GDP）和环境指标（废水排放总量、工业废水排放总量、生活污水排放量、生活污水化学需氧量排放量、高锰酸盐指数及油类物质排放量）之间的相关关系，在此基础上，选取与经济指标相关的环境指标进行回归分析，建立计量模型，见表 3-4，分析牡丹江经济与环境协调发展的趋势，为进一步促进牡丹江经济发展，为经济与环境相协调提供建议。研究经济增长与环境污染关系的模型有不同的表达形式，环境库兹涅茨曲线只是其中的一种，由于其有对环境造成最大影响的拐点存在，因此能够分析出经济所处的水平以及人们应当采取的环境保护策略。但并不是所有的数据都能够在二次模型上取得好的分析效果，因而，本文采取对比分析不同数据的一次、二次和三次模型，找出其中最相关的模型作为最终构建的模型，并以此为基础进行进一步的回归分析。

牡丹江流域经济与环境关系计量模型构建因子 　　　　　　　　　　表 3-4

	名称
因变量	废水排放总量
	工业废水排放总量
	生活污水排放量
	生活污水化学需氧量排放量
	石油类排放量
	高锰酸盐指数
方程	线性
	二次
	三次
自变量	人均 GDP

利用 SPSS 软件中曲线估计的功能，分别进行一次、二次、三次模型的曲线估计，得出三种模型的 F 统计量的显著值，模型构建后，得到模型回归系数 T 检验的显著值，通过比较模型拟合度 R^2 以及 F 和 t 检验的结果，得到最优化的模型，见表 3-5。

牡丹江流域经济与环境关系计量模型曲线估计　　　　　　表 3-5

环境污染指标	一次模型			二次模型			三次模型		
	相关系数	F 检验	t 检验	相关系数	F 检验	t 检验	相关系数	F 检验	t 检验
废水排放总量	0.591	*	*	0.692	*	*	0.709	*	*
工业废水排放总量	0.512	-	-	0.583	*	-	0.590	*	-
生活污水排放量	0.886	*	*	0.924	*	-	0.926	*	-
生活污水化学需氧量排放量	0.806	*	*	0.806	*	-	0.806	*	-
石油类排放量	0.576	*	-	0.610	*	*	0.610	*	-
高锰酸盐指数	0.684	*	*	0.733	*	*	0.734	*	*

注：* 表示显著；- 表示不显著。

由于工业废水排放总量一次模型相关系数较小，不能很好地解释牡丹江人均 GDP 与工业废水排放总量之间的关系，因而不进行模型的构建，其他 5 种环境指标与经济指标构建的模型相关系数均大于 0.6，能够较好地解释经济发展与环境的关系，构建模型如表 3-6 所示。

牡丹江流域经济与环境关系计量模型　　　　　　表 3-6

环境指标	计量模型	R^2
废水排放总量	$y = 7.477x^3 - 0.002x^2 + 37923$	0.709
生活污水排放量	$y = 17.116x - 80275$	0.886
生活污水化学需氧量排放量	$y = -2.917x + 103887$	0.806
石油类排放量	$y = -693.915x^2 + 3.881x + 35341$	0.610
高锰酸盐指数	$y = -50083.046x^3 + 312.56x + 252436$	0.734

3.2.2.4　经济增长与水环境质量的关系

牡丹江流域典型环境指标与经济指标拟合曲线如图 3-16 所示，可以看出，1994 ~ 2015 年，牡丹江市废水排放总量和石油排放量与人均 GDP 呈现三次的反 "N" 形曲线关系，废水排放总量和石油排放量总体呈现下降趋势，但中间呈现波动状态；高锰酸盐指数与人均 GDP 呈现倒 "U" 形曲线关系，转折点之后的曲线，符合库兹涅茨曲线模型；生活污水 COD 排放量和人均 GDP 呈现二次的 "U" 形曲线关系，主要为 "U" 形曲线的左半段，总体呈现上升趋势，达到最高点后有回落趋势；生活污水排放量和人均 GDP 排放量呈现明显的线性关系，随着人均 GDP 的增长生活污水排放量增加。

废水排放总量、生活污水 COD 排放量、高锰酸盐指数等指标在"九五"和"十五"期间随着经济的快速增长，排放量逐渐增多，进入"十一五"时期，随着经济增速的放慢和治理措施的增加，排放量呈现回落趋势。2014 年，随着工业产值的增加，水环境污染程度略有回升，但在 2015 年随着第三产业的发展和第二产业的回落，水环境污染程度呈现下降趋势。

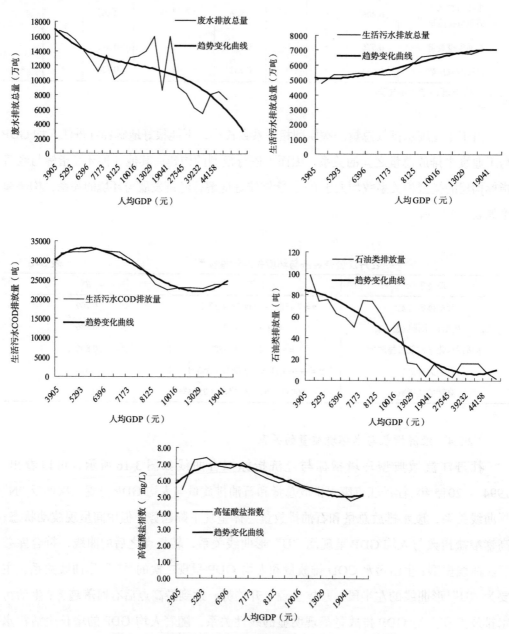

图 3-16　牡丹江流域典型环境指标与经济指标拟合曲线

所有环境指标中，只有生活污水排放量随着人均 GDP 的增加而增加，其他指标整体上都呈现下降的趋势，说明环境保护投资并不能改变人们的整体用水习惯，进而不能够改变排水量大的趋势，只能通过居民整体环境保护意识的提高才能改善。其他指标的下降说明环境保护工作取得了一定的成效。

3.2.3　牡丹江流域产业结构演变及其对牡丹江水环境的影响

由于人们对工业高度发达的负面影响预料不够，预防不利，导致了全球性的三大危机：资源短缺、环境污染、生态破坏。随着经济的发展，环境污染事件不断出现，引起了世界各国的广泛关注。人类活动与生态环境之间的影响和评价机理是当前生态学、地理学及环境科学等学科共同研究的热点。产业系统作为人类活动的主要载体，对生态环境产生了根本的、不可逆转的影响。产业的类型和相互比例关系与区域资源、环境存在着显著的互动关系，不同类型的产业结构所消耗的资源和对生态环境的影响效应不同，所以当微观层面的环境污染治理效果越来越受到局限时，人们便把目光转向产业结构调整上。因此，产业结构演变对区域生态环境的影响评价、机理分析和研究对于指导流域综合治理和可持续发展具有重要的意义。

3.2.3.1　牡丹江产业结构的演变

（1）牡丹江流域产业结构的演变

产业结构指区域经济中产业组成要素的构成和各产业部门之间的比例关系，产业结构变化既包括各产业之间在发展规模上的数量比例关系变化，也包括各产业间关联方式的变化，一般用各产业增加值在 GDP 中的比重和各产业就业人数的比重变化来衡量。牡丹江过去近四十年产业结构变化见图 3-17。

从图 3-17 中可以看出，1978 年改革开放以来，牡丹江市经历了三次较大的产业结构调整：1978 ～ 1986 年，重工业快速发展，占比达到 60%，一产和三产比例相当；1987 ～ 1996 年，第三产业快速发展，比重不断提高，农业占比变化不大，第二产业比重逐年减少，到 1996 年第二产业和第三产业占比相当，形成"二、三、一"发展格局；1997 年至今，第三产业在 1997 年首次超过第二产业，成为牡丹江占比最大的产业，并在"十五"、"十一五"期间得到加强，此后十余年一直是"三、二、一"的产业格局。从牡丹江产业结构变化过程可以看出，牡丹江第一产业所占比重比较稳定，占比处于持续小幅度下降的过程，第二产业和第三产业所占比重波动最大，第二产业比重持续下降，而第三产业比重持续上升。从图 3-18 中可以看出，牡丹江地区从 1997 年开始，三次产业开始迅速发展，全市 GDP 从 1997 年的 150 亿元迅速增长到 2015 年的 1186

亿元，其中第二产业和第三产业发展迅猛，第二产业从 55 亿元增长到 454 亿元，第三产业从 61 亿元增长到 511 亿元，年均分别增长了 40.3% 和 41.0%。

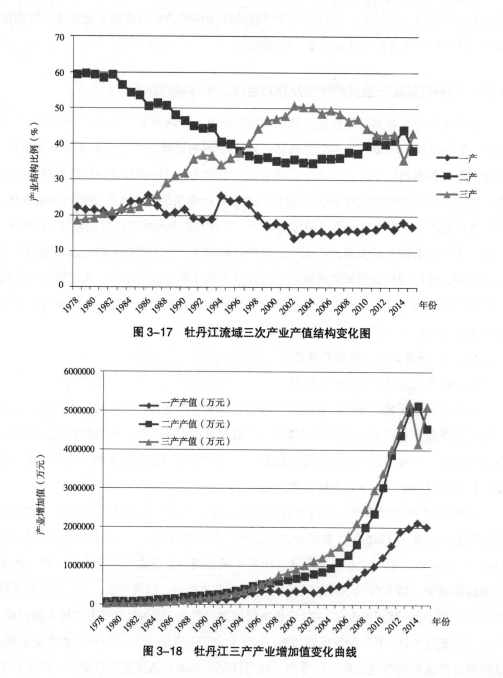

图 3-17 牡丹江流域三次产业产值结构变化图

图 3-18 牡丹江三产产业增加值变化曲线

从牡丹江市三次产业就业结构的变化（图 3-19）中可以看出，全市第一产业就业人数占总就业人数的比重一直在 40% 以上，有一定波动；第二产业在 1996 年之前和第一产业比重相当，但在 1997 年之后第二产业就业人数比重持续降低，在 2011 年达到最低;第三产业在 1997 年之前比重最低,但一直保持升高的趋势,到 1997 年以后超过了第二产业的就业人数,仅次于第一产业。这表明,牡丹江市第二产业人数正在向第一、第三产业转移。这与牡丹江市第三产业产值持续走高,而第二产业产值下降的趋势是一致的。说明牡丹江市的产业结构转向了"三、二、一"的发展格局。

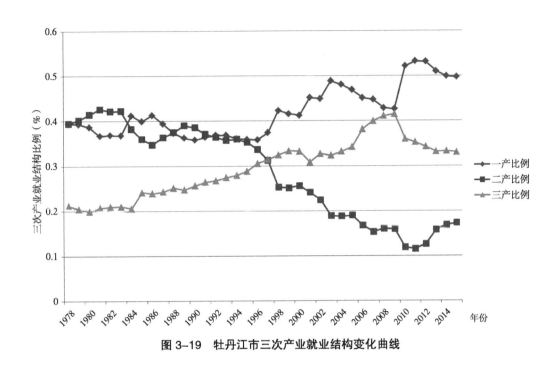

图 3-19 牡丹江市三次产业就业结构变化曲线

(2)牡丹江流域各县产业结构的演变

从图 3-20 和图 3-21 可以看出,牡丹江流域 4 县区三次产业结构的动态变化差异显著:① 2000 年,各县三次产业比重相差较大,牡丹江市区社会经济较发达,第一产业比重较低,二、三产业比重相当,比重较高;海林市呈现出明显的二、三、一产业格局,工业比重较高;林口县、宁安市三产比例相当。② 研究时段内,各县三产发展呈现出不同的变化趋势,牡丹江市区注重工业和服务业的发展,在"十五""十一五"期间,第二产业比重略有上升,第三产业比重略有下降,同时农业小幅度上升,三产比例协调发展,构建了良好的发展格局;林口县三产比重经历几次大的转变,2001 年,产业结构由"三一二"转变为"三二一",第二产业发展得到重视,2004 年,第二产业比重大幅度下降,产业结构又变为"三一二",2009 年,农业上升到第一位,林口县形成了"一三二"的产业格局;海林市"二三一"的产业格局没有发生变化,三产比重略有波动,说明海林市一直主打工业,同时注重发展第三产业,农业比例也略有

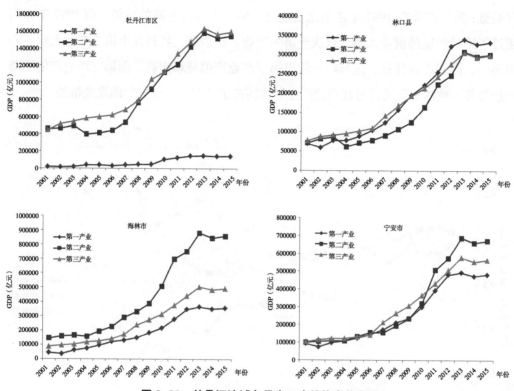

图 3-20　牡丹江流域各县市三产结构变化曲线

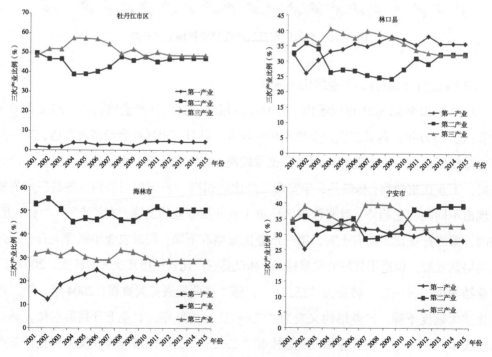

图 3-21　牡丹江流域各县市三产结构比例变化曲线

上升；宁安市三产变化较为频繁，先是"二三"产业上升显著，接着第一产业发展迅猛，在"十一五"期间第三产业发展迅速，步入"十二五"后，第二产业得到迅速发展。③"十二五"期间，从各县产业结构差异来看，产业各具特色，即形成牡丹江市区第二、三产业高度发达的"三、二、一"产业结构，林口县以农为特色的"一、三、二"产业结构，海林市、宁安市以工业为主的"二、三、一"产业格局。

3.2.3.2　产业结构演变对水环境的影响

（1）水环境影响指数的构建

为了研究的准确性并考虑不同的产业发展对生态环境影响的方式和程度的不同，采用三次产业分类法将整个产业划分为第一产业（农业、林业、渔业、畜牧业、农林牧渔服务业）、第二产业（轻工业、重工业、建筑业）和第三产业（交通运输业、其他产业），依据上述 10 种产业发展对区域水生态环境要素影响的不同，对不同产业类型的生态环境影响在 [0，5] 区间内赋值，定义为不同产业类型的生态环境影响系数，以此反映各产业单位产值比重与生态环境影响之间的比例关系，系数越大，表明该产业对环境负面影响越大。

依据水生态环境影响指数和各个产业类型产值比例，采取加权求和的方法得到水生态环境影响指数（IIISNE），评估不同产业类型对水环境的影响。比较 IIISNE 在不同时期的数值差异，定量综合评价区域产业结构变化的生态环境效应。

$$IIISNE=P_1W_1+P_2W_2+\cdots+P_nW_n$$

式中：IIISNE 为总体生态环境影响指数；P 表示各产业类型的生态环境影响系数；W 表示相应的各产业的产值比例。

（2）产业结构变化对水生态环境的影响评估

从细分的牡丹江市产业结构产值比重变化（图 3-22）还可看出：① 研究时段内全市工业（规模以下）、农业、重工业（规模以上）和其他行业比重发生了大幅度上升，其中其他行业上升幅度最大，轻工业、建筑业呈波动上升，林业、渔业和畜牧业产值变化不大，略有下降，运输业则有一定波动；②从全市产业构成上看，如表 3-7 所示，由 1996 年的以其他产业、重工业、农业、轻工业为主，转为 2011 年的以其他产业、农业与规模以下工业为主。牡丹江市在整个研究时段内第三产业发达，一直是牡丹江经济发展的主要推动力，规模以下工业得到了快速的发展，轻工业和重工业比重下降，农、林、牧、渔业保持平稳发展但比重也有所下降。从以上分析中可以看出，牡丹江的产业发展以轻工业与重工业比重的大幅下降与其他产业、小规模工业、建筑业的增长为特征。

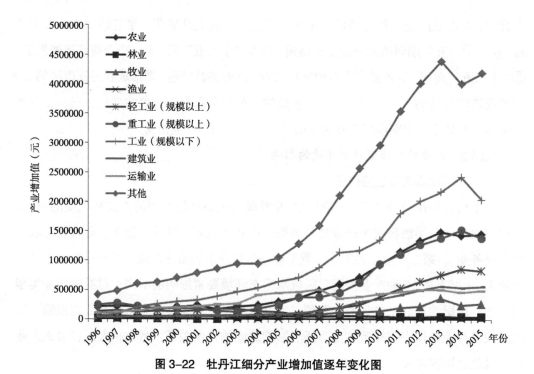

图 3-22　牡丹江细分产业增加值逐年变化图

1996 ~ 2015 年牡丹江市产业产值比重表　　　　表 3-7

年份	农业	林业	牧业	渔业	轻工业（规模以上）	重工业（规模以上）	工业（规模以下）	建筑业	运输业	其他
1996	16.28%	1.31%	4.45%	0.36%	9.86%	18.28%	8.08%	2.75%	7.63%	30.74%
1997	15.16%	1.32%	4.17%	0.45%	10.09%	18.53%	6.41%	2.56%	8.46%	32.61%
1998	13.11%	1.14%	2.67%	0.48%	7.92%	13.37%	12.62%	2.96%	8.89%	36.55%
1999	10.18%	1.03%	2.24%	0.50%	8.58%	10.77%	15.22%	2.98%	11.48%	36.86%
2000	11.48%	1.24%	2.06%	0.44%	7.30%	9.85%	16.02%	3.09%	10.72%	37.60%
2001	11.64%	0.35%	2.46%	0.42%	7.46%	8.89%	16.05%	3.36%	10.78%	38.38%
2002	8.22%	0.28%	2.49%	0.35%	8.43%	6.81%	18.17%	3.15%	11.85%	40.02%
2003	9.08%	1.73%	2.66%	0.33%	7.28%	5.34%	19.63%	2.94%	11.07%	39.63%
2004	9.06%	1.65%	2.82%	0.29%	5.13%	7.06%	19.97%	2.87%	15.57%	35.32%
2005	9.75%	1.73%	2.77%	0.27%	4.25%	8.15%	20.83%	3.03%	14.59%	34.21%
2006	10.25%	1.50%	2.54%	0.28%	2.19%	10.55%	19.98%	3.13%	13.11%	36.15%
2007	11.26%	1.24%	1.94%	0.12%	3.76%	8.77%	20.43%	3.31%	11.80%	36.93%
2008	11.34%	1.16%	2.24%	0.18%	3.84%	8.64%	21.65%	3.79%	6.76%	39.95%
2009	11.45%	0.96%	2.05%	0.17%	4.08%	10.02%	18.77%	4.82%	6.15%	41.07%
2010	12.25%	0.73%	1.87%	0.17%	5.07%	12.47%	17.73%	4.60%	5.71%	38.92%

年份	农业	林业	牧业	渔业	轻工业 （规模以上）	重工业 （规模以上）	工业 （规模以下）	建筑业	运输业	其他
2011	12.30%	0.51%	2.17%	0.17%	5.66%	11.93%	19.29%	4.50%	5.02%	37.92%
2012	12.58%	0.43%	2.12%	0.17%	6.05%	11.98%	18.93%	4.68%	4.75%	37.76%
2013	12.65%	0.44%	3.08%	0.17%	6.41%	11.75%	18.47%	4.79%	4.31%	37.37%
2014	12.30%	0.39%	2.08%	0.17%	7.37%	13.11%	20.89%	4.66%	3.98%	34.50%
2015	12.78%	0.40%	2.34%	0.18%	7.30%	12.23%	17.94%	4.94%	4.34%	36.97%

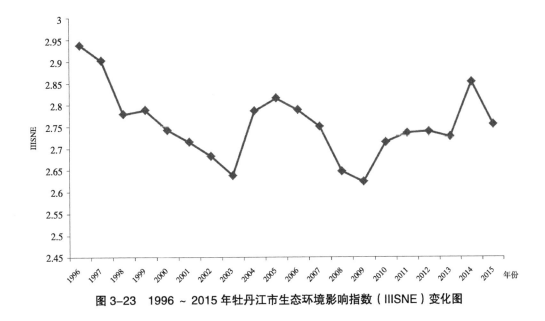

图 3-23　1996 ~ 2015 年牡丹江市生态环境影响指数（IIISNE）变化图

由图 3-23 可以看出，牡丹江市的生态环境影响指数（IIISNE）属于中等，且在研究时段内整体上属于波动下降的趋势，年均下降 0.48%，产业结构整体对生态环境的干扰与影响程度在 2011 年之前持续降低，但在"十五"和"十二五"前期呈现出上升的趋势，表明区域产业结构变化带来了生态环境效应的波动，这一变化与牡丹江市水环境质量变化是一致的。

（3）牡丹江市三产结构变化的生态环境效应评价

根据前面产业的分类，在上述 10 种产业中，农业、林业、畜牧业、渔业归于第一产业，规模以下工业、轻工业、重工业、建筑业归于第二产业，运输业与其他产业归于第三产业，把不同产业类型归结到三产结构当中，按照三产的水生态影响指数来评估三产的变化对水生态环境的影响，评分结果见表 3-8。

1996～2015 年牡丹江市三产生态环境效应评分表 表 3-8

年 份	第一产业	第二产业	第三产业
1996	0.610722	1.714355	0.612762
1997	0.573709	1.66349	0.664546
1998	0.479092	1.5787	0.72105
1999	0.38056	1.580205	0.827605
2000	0.419303	1.517957	0.804741
2001	0.413499	1.486011	0.81512
2002	0.309212	1.499215	0.874199
2003	0.366956	1.431741	0.839141
2004	0.366743	1.443095	0.976074
2005	0.38812	1.501264	0.925877
2006	0.393927	1.508103	0.88599
2007	0.403833	1.50547	0.84121
2008	0.411926	1.56554	0.66987
2009	0.407422	1.559263	0.656704
2010	0.422872	1.673801	0.617539
2011	0.425859	1.728984	0.580124
2012	0.431671	1.739033	0.567573
2013	0.453387	1.726479	0.546213
2014	0.421841	1.926082	0.504308
2015	0.44181	1.769283	0.543411

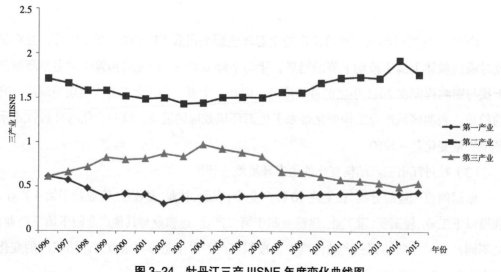

图 3-24　牡丹江三产 IIISNE 年度变化曲线图

由图 3-24 可知，第二产业依然是对环境影响最大的产业，但是环境影响得分在 2.0 以下，第一产业和第三产业对环境影响较低。

（4）牡丹江各县市三产结构变化的生态环境效应评价

根据牡丹江各县市生态环境影响指数（IIISNE）的变化（图 3-25），可以看出：① 2006 年以来，各县的 IIISNE 整体呈下降趋势，表明各县产业结构对自然生态环境的影响在 2006 年升至最高后有下降趋势，基于生态环境保护的产业结构调整整体上效果明显。②牡丹江市区的 IIISNE 属于中等，且在研究时段内不断降低，年均下降 0.71%，产业结构整体对生态环境的干扰与影响程度持续降低，表明区域产业结构变化带来了正向的生态环境效应，部分缓解了该生态脆弱地区的环境保护压力。③ 研究时段内，林口县 IIISNE 的下降幅度最大，达 15.68%（主要是由于轻、重工业比重的大幅下降与其他产业比重的相应增加），年均下降 1.04%；牡丹江市区、宁安市其次；海林市最低，仅为 0.12%，这在一定程度上反映了各县通过产业结构调整保护生态环境的绩效高低。④ 海林市的 IIISNE 一直较高，且高居各县之首，这主要缘于其较高的重工业比重。⑤ 研究时段内，各县的 IIISNE 整体上处于中上水平，说明牡丹江各个县市在产业发展过程中都产生了一定的环境影响，并且每个县市的环境影响是由于不同行业的发展所导致的。从图 3-26 中可以看出，牡丹江市区主要环境影响行业是重工业、轻工业和运输业，林口县主要是重工业、农业和运输业，海林市主要是重工业、轻工业，宁安市主要是重工业、轻工业和农业。

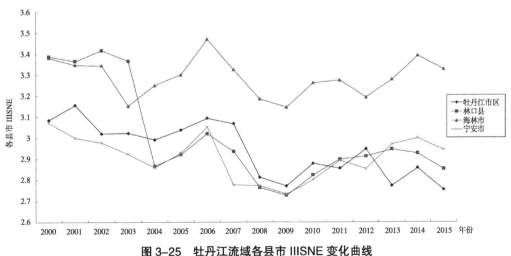

图 3-25　牡丹江流域各县市 IIISNE 变化曲线

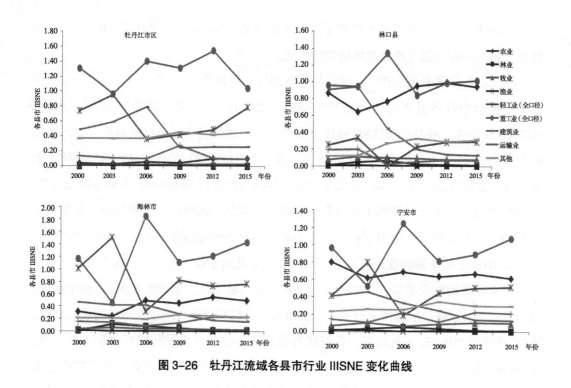

图 3-26　牡丹江流域各县市行业 IIISNE 变化曲线

　　伴随着研究时段内牡丹江市 IIISNE 的逐年下降,其国内生产总值(GDP)持续增长,12 年间共增加了 345.5%,说明区域社会经济的快速发展并未以生态环境的恶化为代价,产业结构的调整限制了人类活动对自然生态环境的扰动,因此,从降低人为干扰、保护自然生态环境的角度来看,牡丹江市区域经济发展模式总体上是可持续的。而具体就牡丹江市所辖四县而言,GDP 与 IIISNE 在研究时段内均为一升一降,说明县域经济增长模式基本上是可持续,但个别县在个别时段 IIISNE 的上升,表明了其经济发展在该时段的不可持续性。

　　(5)牡丹江各县市细分产业结构变化的生态环境效应评价

　　从表 3-9 和图 3-27 可以看出,每个县市 9 个行业的 IIISNE 变化以及不同行业在整个县市 IIISNE 中所占的比例。图 3-27 反映出,各个县市对环境影响比较大的行业主要是农业、轻工业、重工业和运输业,从中可以发现牡丹江市产业结构调整的轨迹。各个县市农业的影响在加大,轻工业和重工业影响所占比重大,而且最近 5 年呈现出上升的趋势。农业也呈现出上升的趋势。

牡丹江各县市细分产业的 IIISNE　　　　　表 3-9

行政区	年份	农业	林业	牧业	渔业	轻工业（全口径）	重工业（全口径）	建筑业	运输业	其他
牡丹江市区	2000	0.03	0.00	0.01	0.00	0.74	1.31	0.13	0.49	0.37
	2003	0.03	0.00	0.01	0.00	0.95	0.96	0.11	0.59	0.37
	2006	0.05	0.00	0.02	0.00	0.36	1.40	0.10	0.79	0.37
	2009	0.04	0.00	0.02	0.00	0.42	1.31	0.27	0.25	0.46
	2012	0.10	0.00	0.03	0.00	0.49	1.55	0.11	0.26	0.42
	2015	0.10	0.00	0.02	0.00	0.79	1.04	0.09	0.26	0.46
林口县	2000	0.87	0.01	0.08	0.01	0.25	0.96	0.19	0.91	0.12
	2003	0.64	0.05	0.11	0.01	0.33	0.95	0.20	0.94	0.12
	2006	0.77	0.07	0.10	0.00	0.00	1.34	0.02	0.45	0.27
	2009	0.95	0.02	0.09	0.01	0.23	0.84	0.05	0.20	0.33
	2012	0.99	0.01	0.08	0.00	0.28	0.99	0.07	0.14	0.29
	2015	0.94	0.01	0.08	0.00	0.29	1.02	0.07	0.13	0.31
海林市	2000	0.31	0.01	0.03	0.02	1.01	1.17	0.16	0.47	0.21
	2003	0.24	0.11	0.06	0.01	1.51	0.45	0.14	0.42	0.21
	2006	0.49	0.08	0.04	0.00	0.32	1.84	0.09	0.42	0.19
	2009	0.45	0.05	0.04	0.00	0.82	1.11	0.13	0.28	0.26
	2012	0.55	0.02	0.03	0.00	0.72	1.21	0.23	0.18	0.25
	2015	0.49	0.01	0.02	0.00	0.76	1.43	0.22	0.16	0.23
宁安市	2000	0.80	0.01	0.07	0.02	0.41	0.97	0.14	0.41	0.23
	2003	0.62	0.04	0.10	0.02	0.80	0.52	0.11	0.46	0.26
	2006	0.69	0.05	0.07	0.01	0.19	1.24	0.22	0.33	0.25
	2009	0.63	0.04	0.09	0.01	0.44	0.81	0.11	0.24	0.35
	2012	0.67	0.02	0.11	0.01	0.50	0.89	0.22	0.14	0.30
	2015	0.61	0.01	0.10	0.01	0.51	1.07	0.21	0.13	0.29

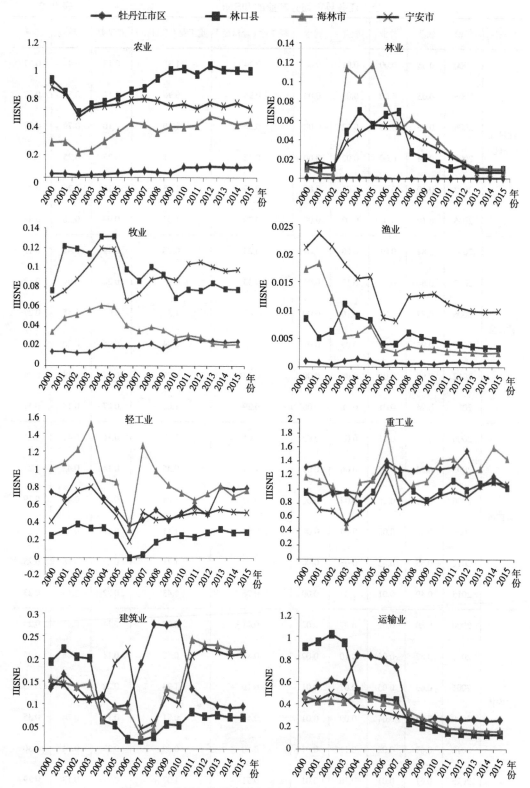

图 3-27　牡丹江流域各县市分行业 IIISNE 年度变化曲线

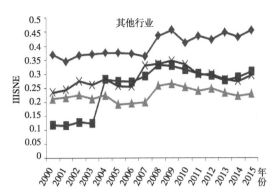

图 3-27 牡丹江流域各县市分行业 IIISNE 年度变化曲线（续）

综上所述，牡丹江各县市重工业、轻工业、农业和运输业对环境影响所占比例较大，即各县市三产对环境都有较大的影响，从与产业结构的对比分析上看，牡丹江市区和各县市第二产业突出，说明第二产业的环境影响较大。牡丹江各县市还有产业结构调整的必要性，需要进一步减少第二产业对环境较大的影响。

3.3 小结

"十一五"期间牡丹江市的产业偏水度有下降的趋势，工业生产正快速向单位产出耗水较少的方向转移。分析时段内，在牡丹江国民经济中贡献较大、耗水量也比较大的行业主要是 4 个行业：电力、热力的生产和供应业、橡胶制品业、化学原料及化学制品制造业、造纸及纸制品业。经济与水污染关系研究，所有环境指标中，只有生活污水排放量随着人均 GDP 的增加而增加，其他指标整体上都呈现下降的趋势，说明环境保护投资并不能改变人们的整体用水习惯，进而不能够改变排水量大的趋势，只能通过居民整体环境保护意识的提高才能改善。牡丹江市的 IIISNE 属于中等，且在研究时段内整体上属于波动下降的趋势，年均下降 0.48%，产业结构整体对生态环境的干扰与影响程度在 2011 年之前持续降低，但在"十五"和"十二五"前期呈现出上升的趋势，表明区域产业结构变化带来了生态环境效应的波动，这一变化与牡丹江市水环境质量变化是一致的。

第4章
水环境优化产业结构调整研究

本章主要对牡丹江的产业结构进行分析，分析了"十五""十一五""十二五"牡丹江各个控制单元的工业状况以及污染物排放状况。针对牡丹江流域主要排污行业进行了分析，得到牡丹江主要排污行业。结合水能源消耗状况分析，初步得到牡丹江产业结构调整方向。在此基础上，借助多目标决策方法，构建环境、资源约束下产业结构调整优化模型，研究经济发展与环境污染、资源消耗间的相互影响与制约关系，为进一步进行产业结构调整提供方法学基础。最后结合牡丹江的实际情况，对牡丹江的产业结构给出基于水环境质量约束下的产业结构调整方案。依据模型计算结果，从水环境保护与经济协调发展的角度，提出牡丹江市工业结构调整建议，为牡丹江流域在水环境持续改善的基础上更好地发展经济提供科学依据。

4.1 产业结构分析

4.1.1 牡丹江三产结构特征分析

对"十五""十一五"期间产业结构的变化趋势进行分析，并比对牡丹江流域环境质量的变化趋势，找出二者之间的内在联系。结合地方经济发展规划、环境保护要求以及区域特点，进行深入的产业结构分析，为实现产业的合理布局和解决现存的问题打下坚实基础。

收集 2000～2015 年牡丹江三产数据，分析三产随时间的变化趋势，见图 4-1，从图中可以看出，过去 15 年，三产随着时间均呈现上升的趋势，通过趋势线可以看出，第一产业增长比较平缓，第二产业增长居中，牡丹江第三产业在过去 15 年中得到迅猛发展。

从图 4-2 中可以看出，进入"十五"牡丹江第三产业发展迅速，"十五"末，出现第三产业大于第二产业，第二产业大于第一产业的局面。"十一五"期间，由于第二产业的发展，第三产业所占比例有所下降，但仍然是牡丹江的支柱产业。"十二五"期间，随着第二产业所占比例的不断上升，第二产业和第三产业产值基本一致。

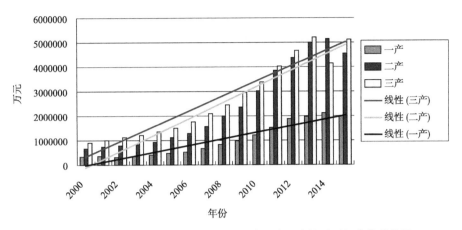

图 4-1　牡丹江第一产业、第二产业、第三产业产值随时间变化趋势图

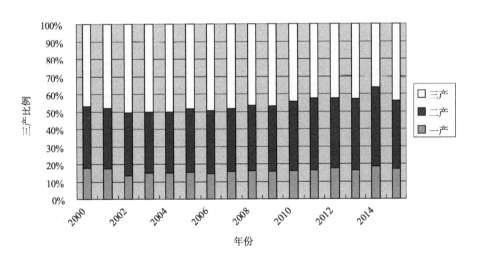

图 4-2　牡丹江第一产业、第二产业、第三产业所占比重图

4.1.2　牡丹江流域工业行业特征分析

结合牡丹江流域工业发展的实际情况，根据《国民经济行业分类》（GB/T 4754—2002）分类标准，将牡丹江流域工业行业进行二次分类，共分为 14 大行业（煤炭、食品、饮料、纺织、建材、造纸、石化、医药、冶金、机械、电力、木材、烟草、交通运输），27 个行业（煤炭开采和洗选业、农副食品加工业、食品制造业、饮料制造业、纺织业、非金属矿采选业、非金属矿物制品业、其他采矿业、造纸及纸制品业、石油加工、炼焦及核燃料加工业、化学原料及化学制品制造业、橡胶制品业、原油加工及石油制品制造、医药制造业、黑色金属矿采选业、黑色金属冶炼及压延加工业、通用设备制造业、

专用设备制造业、交通运输设备制造业、电气机械及器材制造业、通信设备、计算机及其他电子设备制造业、金属制品业、电力、热力的生产和供应业、自来水的生产和供应业、木材加工及竹、藤、棕、草制品业、烟草制品业、交通运输、仓储和邮政业）。牡丹江流域共划分为市辖区、宁安市、海林市和林口县 4 个控制单元区。

4.1.2.1 "十五"末期工业行业分析

2005 年牡丹江流域共有 13 大行业 76 个企业，见表 4-1，建材行业最多，共 16 个企业，占总数的 21.05%，其次是机械和石化行业。

2005 年牡丹江流域行业分类　　　　　　　　　表 4-1

行业分类	行业名称	企业数量	行业分类	行业名称	企业数量
煤炭（M1）	煤炭开采和洗选业		冶金（M9）	黑色金属矿采选业	
食品（M2）	农副食品加工业	1		黑色金属冶炼及压延加工业	1
	食品制造业	1		通用设备制造业	3
饮料（M3）	饮料制造业	2		专用设备制造业	3
纺织（M4）	纺织业	5	机械（M10）	交通运输设备制造业	5
	非金属矿采选业	1		电气机械及器材制造业	4
建材（M5）	非金属矿物制品业	15		通信设备、计算机及其他电子设备制造业	
	其他采矿业			金属制品业	
造纸（M6）	造纸及纸制品业	5	电力（M11）	电力、热力的生产和供应业	6
	石油加工、炼焦及核燃料加工业			自来水的生产和供应业	2
	化学原料及化学制品制造业	9	木材（M12）	木材加工及竹、藤、棕、草制品业	3
石化（M7）	橡胶制品业	2	烟草（M13）	烟草制品业	2
	原油加工及石油制品制造	1	交通运输（M14）	交通运输、仓储和邮政业	1
医药（M8）	医药制造业	4			

（1）牡丹江市辖区控制单元工业行业分析

2005 年牡丹江市辖区共有 11 大行业 59 个企业，见表 4-2，机械行业最多，共 14 个企业，占总数的 23.73%，其次是石化和建材行业。

2005 年牡丹江市辖区控制单元行业分类　表 4-2

行业分类	行业名称	企业数量	行业分类	行业名称	企业数量
煤炭（M1）	煤炭开采和洗选业		冶金（M9）	黑色金属矿采选业	
食品（M2）	农副食品加工业			黑色金属冶炼及压延加工业	
	食品制造业	1		通用设备制造业	3
饮料（M3）	饮料制造业	2		专用设备制造业	3
纺织（M4）	纺织业	5	机械（M10）	交通运输设备制造业	4
建材（M5）	非金属矿采选业			电气机械及器材制造业	4
	非金属矿物制品业	9		通信设备、计算机及其他电子设备制造业	
	其他采矿业			金属制品业	
造纸（M6）	造纸及纸制品业	4	电力（M11）	电力、热力的生产和供应业	6
石化（M7）	石油加工、炼焦及核燃料加工业			自来水的生产和供应业	2
	化学原料及化学制品制造业	8	木材（M12）	木材加工及竹、藤、棕、草制品业	1
	橡胶制品业	2	烟草（M13）	烟草制品业	
	原油加工及石油制品制造	1	交通运输（M14）	交通运输、仓储和邮政业	1
医药（M8）	医药制造业	3			

2005 年牡丹江市辖区各个行业用水量及污染物排放情况　表 4-3

序号	行业	工业生产总值（万元）	工业用水量（t）	（t/万元）	新鲜用水量（t）	（t/万元）	煤炭消费量（t）	（t/万元）	COD 排放量（kg）	（kg/万元）	氨氮排放量（kg）	（kg/万元）
1	机械	76091	605700	7.96	539750	7.09	37270	0.49	36685	0.48	756.1	0.01
2	石化	218723	22714842	103.85	7657300	35.01	156539	0.72	920917	4.21	0	0.00
3	建材	32626	3675570	112.66	1254646	38.46	223321	6.84	69440	2.13	1930	0.06
4	电力	134358	364857000	2715.56	253781000	1888.84	2964475	22.06	1628652	12.12	0	0.00
5	木材	6406	117000	18.26	82000	12.80	20000	3.12	18204	2.84	0	0.00
6	交通运输	0	23000	—	23000		6960	—	10252	—	0	—
7	造纸	163810	14546640	88.80	7927165	48.39	106631	0.65	1384910	8.45	7950	0.05
8	食品	388	7700	19.85	7700	19.85	2100	5.41	0	0.00	0	0.00
9	纺织	24605	411170	16.71	390570	15.87	8376	0.34	29109	1.18	0	0.00
10	医药	14580	39000	2.67	35000	2.40	1300	0.09	228	0.02	0	0.00
11	饮料	23042	1120000	48.61	916000	39.75	20261	0.88	873375	37.90	0	0.00

由表 4-3 可知, 牡丹江市辖区工业用水量、新鲜用水量、煤炭消费量、万元工业用水量、新鲜水量、万元煤炭消费量、化学需氧量排放最多的行业是电力, 万元化学需氧量排放最多的行业是饮料, 万元氨氮排放量最多的行业是建材; 电力行业耗能最大, 饮料和建材行业单位万元产生的污染物最多; 石化行业工业生产总值最大, 造纸行业氨氮排放量最多。

（2）宁安市控制单元工业行业分析

2005 年宁安市共有 4 大行业 4 个企业, 见表 4-4。

2005 年宁安控制单元行业分类　　　　　　　　　　表 4-4

行业分类	行业名称	企业数量	行业分类	行业名称	企业数量
煤炭（M1）	煤炭开采和洗选业		冶金（M9）	黑色金属矿采选业	
食品（M2）	农副食品加工业	1		黑色金属冶炼及压延加工业	1
	食品制造业			通用设备制造业	
饮料（M3）	饮料制造业			专用设备制造业	
纺织（M4）	纺织业		机械（M10）	交通运输设备制造业	
	非金属矿采选业			电气机械及器材制造业	
建材（M5）	非金属矿物制品业	1		通信设备、计算机及其他电子设备制造业	
	其他采矿业			金属制品业	
造纸（M6）	造纸及纸制品业		电力（M11）	电力、热力的生产和供应业	
	石油加工、炼焦及核燃料加工业			自来水的生产和供应业	
	化学原料及化学制品制造业	1	木材（M12）	木材加工及竹、藤、棕、草制品业	
石化（M7）	橡胶制品业		烟草（M13）	烟草制品业	
	原油加工及石油制品制造		交通运输（M14）	交通运输、仓储和邮政业	
医药（M8）	医药制造业				

由表 4-5 可知, 宁安工业生产总值、工业用水量、万元工业用水量、新鲜用水量、万元新鲜水量、煤炭消费量、氨氮排放量最多的行业是石化; 化学需氧量排放、万元化学需氧量排放最多的行业是食品; 万元氨氮排放量最多的行业是石化; 万元煤炭消费量最多的行业是建材; 石化行业耗能最大, 食品行业单位万元产生的化学需氧量最多。

（3）海林市控制单元工业行业分析

2005 年海林市共有 4 大行业 4 个企业, 见表 4-6。

2005 年宁安控制单元各个行业用水量及污染物排放情况 表 4-5

序号	行业	工业生产总值（万元）	工业用水量		新鲜用水量		煤炭消费量		COD 排放量		氨氮排放量	
			(t)	(t/万元)	(t)	(t/万元)	(t)	(t/万元)	(kg)	(kg/万元)	(kg)	(kg/万元)
1	石化	10714	19679000	1836.76	1039000	96.98	90100	8.41	55020	5.14	10330	0.96
2	建材	812	100	0.123152709	200	0.246305419	10400	12.80788177	0	0	0	0
3	食品	2506	96800	38.63	53800	21.47	3950	1.58	297250	118.62	0	0.00
4	冶金	6400	560000	87.50	72000	11.25	2550	0.40	235620	36.82	0	0.00

2005 年海林市控制单元行业分类 表 4-6

行业分类	行业名称	企业数量	行业分类	行业名称	企业数量
煤炭（M1）	煤炭开采和洗选业		冶金（M9）	黑色金属矿采选业	
食品（M2）	农副食品加工业			黑色金属冶炼及压延加工业	
	食品制造业			通用设备制造业	
饮料（M3）	饮料制造业			专用设备制造业	
纺织（M4）	纺织业		机械（M10）	交通运输设备制造业	
	非金属矿采选业			电气机械及器材制造业	
建材（M5）	非金属矿物制品业	1		通信设备、计算机及其他电子设备制造业	
	其他采矿业			金属制品业	
造纸（M6）	造纸及纸制品业	1	电力（M11）	电力、热力的生产和供应业	
	石油加工、炼焦及核燃料加工业			自来水的生产和供应业	
	化学原料及化学制品制造业		木材（M12）	木材加工及竹、藤、棕、草制品业	1
石化（M7）	橡胶制品业		烟草（M13）	烟草制品业	1
	原油加工及石油制品制造		交通运输（M14）	交通运输、仓储和邮政业	
医药（M8）	医药制造业				

由表 4-7 可知，海林工业用水量、新鲜用水量、煤炭消费量、万元煤炭消费量、氨氮排放量、万元氨氮排放量最多的行业是木材；万元工业用水量、万元新鲜用水量、万元化学需氧量排放最多的行业是造纸；木材行业能耗消耗最多，烟草行业工业生产总值最多，造纸和木材行业污染物排放最多。

（4）林口县控制单元工业行业分析

2005 年林口共有 5 大行业 9 个企业，见表 4-8，建材行业最多，有 5 个企业，占总数的 55.56%。

2005年海林控制单元各个行业用水量及污染物排放情况　　　　表4-7

序号	行业	工业生产总值（万元）	工业用水量		新鲜用水量		煤炭消费量		COD排放量		氨氮排放量	
			（t）	（t/万元）	（t）	（t/万元）	（t）	（t/万元）	（kg）	（kg/万元）	（kg）	（kg/万元）
1	建材	2729	22000	8.06	22000	8.06	19580	7.17	12541	4.60	0	0.00
2	木材	9062	1357000	149.75	1357000	149.75	240000	26.48	51905	5.73	10330	1.14
3	造纸	3060	1200000	392.16	960000	313.73	13260	4.33	303790	99.28	0.5	0.00
4	烟草	39297	110000	2.80	90000	2.29	4650	0.12	251462	6.40	0	0.00

2005年林口县控制单元行业分类　　　　表4-8

行业分类	行业名称	企业数量	行业分类	行业名称	企业数量
煤炭（M1）	煤炭开采和洗选业		冶金（M9）	黑色金属矿采选业	
食品（M2）	农副食品加工业			黑色金属冶炼及压延加工业	
	食品制造业			通用设备制造业	
饮料（M3）	饮料制造业			专用设备制造业	
纺织（M4）	纺织业		机械（M10）	交通运输设备制造业	1
	非金属矿采选业	1		电气机械及器材制造业	
建材（M5）	非金属矿物制品业	4		通信设备、计算机及其他电子设备制造业	
	其他采矿业			金属制品业	
造纸（M6）	造纸及纸制品业		电力（M11）	电力、热力的生产和供应业	
	石油加工、炼焦及核燃料加工业			自来水的生产和供应业	
	化学原料及化学制品制造业		木材（M12）	木材加工及竹、藤、棕、草制品业	1
石化（M7）	橡胶制品业		烟草（M13）	烟草制品业	1
	原油加工及石油制品制造		交通运输（M14）	交通运输、仓储和邮政业	
医药（M8）	医药制造业	1			

　　由表4-9可知，林口工业生产总值最多的行业是木材；新鲜用水量、万元新鲜水量、煤炭消费量、万元煤炭消费量最多的行业是建材；医药行业工业用水量和万元工业用水量最多；化学需氧量排放、万元化学需氧量排放最多的行业是烟草；医药和建材行业耗能最大，烟草产生的污染物最多。

　　综上所述，2005年牡丹江流域工业总产值最多的行业是石化行业，为229437万元；工业用水量最多的行业是电力行业，为364857000 t；煤炭消耗量最多的行业是电力行业，为 2964475 t；化学需氧量排放量最多的行业是造纸行业，为 1688.70 t；氨氮排放量最多的行业是石化行业，为 10.33 t，详见表 4-10。

2005 年林口控制单元各个行业用水量及污染物排放情况　　表 4-9

序号	行业	工业生产总值（万元）	工业用水量		新鲜用水量		煤炭消费量		COD 排放量		氨氮排放量	
			（t）	（t/万元）	（t）	（t/万元）	（t）	（t/万元）	（kg）	（kg/万元）	（kg）	（kg/万元）
1	机械	4500	13000	2.89	12500	2.78	2000	0.44	0	0.00	0	0.00
2	建材	3075	209000	67.97	209000	67.97	31600	10.28	10740	3.49	0	0.00
3	木材	5900	1000	0.17	500	0.08	2500	0.42	0	0.00	0	0.00
4	医药	1000	404000	404.00	4000	4.00	1345	1.35	3215	3.22	0	0.00
5	烟草	1235	18900	15.30	15120	12.24	7000	5.67	25465	20.62	0	0.00

2005 年牡丹江流域工业行业分析表　　表 4-10

行业	工业总产值（现价）（万元）	工业用水量（t）	工业煤炭消费量（t）	化学需氧量（排放量）（kg）	氨氮（排放量）（kg）
石化	229437	42393842	246639	975937	10330
机械	80591	618700	39270	36685	756.1
电力	134358	364857000	2964475	1628652	0
木材	21368	1475000	262500	70109.2	0
交通运输	0	233000	6960	10252	0
建材	39241.5	3906970	284901	92721	1930
造纸	166870	15746640	119891	1688700	7950.5
食品	2894	104500	6050	297250	0
纺织	24605	411170	8376	29108.5	0
医药	15580	443000	2645	3443	0
饮料	23042	1120000	20261	873375	0
冶金	6400	560000	2550	235620	0
烟草	40532.4	128900	11650	276927	0

4.1.2.2　"十一五"末期工业行业分析

2010 年牡丹江流域共有 13 大行业 61 个企业，见表 4-11，建材行业最多，有 13 个企业，占总数的 21.31%，其次是石化行业。

2010 年牡丹江流域行业分类   表 4-11

行业分类	行业名称	企业数量	行业分类	行业名称	企业数量
煤炭（M1）	煤炭开采和洗选业	1	冶金（M9）	黑色金属矿采选业	
食品（M2）	农副食品加工业	8		黑色金属冶炼及压延加工业	1
	食品制造业		机械（M10）	通用设备制造业	1
饮料（M3）	饮料制造业	4		专用设备制造业	1
纺织（M4）	纺织业			交通运输设备制造业	
	非金属矿采选业	2		电气机械及器材制造业	1
建材（M5）	非金属矿物制品业	11		通信设备、计算机及其他电子设备制造业	
	其他采矿业		电力（M11）	金属制品业	
造纸（M6）	造纸及纸制品业	4		电力、热力的生产和供应业	7
	石油加工、炼焦及核燃料加工业	1		自来水的生产和供应业	1
	化学原料及化学制品制造业	7	木材（M12）	木材加工及竹、藤、棕、草制品业	2
石化（M7）	橡胶制品业	1	烟草（M13）	烟草制品业	1
	原油加工及石油制品制造	1	交通运输（M14）	交通运输、仓储和邮政业	1
医药（M8）	医药制造业	5			

（1）牡丹江市辖区控制单元工业行业分析

2010 年牡丹江市辖区共有 9 大行业 30 个企业，见表 4-12，石化行业最多，有 9 个企业，占总数的 30%，其次是建材和医药行业。

2010 年牡丹江市辖区控制单元行业分类   表 4-12

行业分类	行业名称	企业数量	行业分类	行业名称	企业数量
煤炭（M1）	煤炭开采和洗选业		石化（M7）	化学原料及化学制品制造业	6
食品（M2）	农副食品加工业	1		橡胶制品业	1
	食品制造业			原油加工及石油制品制造	1
饮料（M3）	饮料制造业	2	医药（M8）	医药制造业	4
纺织（M4）	纺织业		冶金（M9）	黑色金属矿采选业	
	非金属矿采选业			黑色金属冶炼及压延加工业	
建材（M5）	非金属矿物制品业	4	机械（M10）	通用设备制造业	1
	其他采矿业			专用设备制造业	1
造纸（M6）	造纸及纸制品业	3		交通运输设备制造业	
石化（M7）	石油加工、炼焦及核燃料加工业	1		电气机械及器材制造业	1

行业分类	行业名称	企业数量	行业分类	行业名称	企业数量
机械（M10）	通信设备、计算机及其他电子设备制造业	6	木材（M12）	木材加工及竹、藤、棕、草制品业	
	金属制品业	1	烟草（M13）	烟草制品业	
电力（M11）	电力、热力的生产和供应业	1	交通运输（M14）	交通运输、仓储和邮政业	1
	自来水的生产和供应业	4			

由表4-13可知，牡丹江市辖区工业用水量、新鲜用水量、万元工业用水量、万元新鲜水量、万元煤炭消费量、氨氮排放量、万元氨氮排放量最多的行业是电力；万元化学需氧量排放最多的行业是食品；石化行业工业生产总值、煤炭消费量最多，化学需氧量排放最多；电力和石化行业耗能最大，电力和食品行业单位万元产生的污染物最多。

2010年牡丹江市辖区各个行业用水量及污染物排放情况 表4-13

序号	行业	工业生产总值（万元）	工业用水量		新鲜用水量		煤炭消费量		COD排放量		氨氮排放量	
			（t）	（t/万元）	（t）	（t/万元）	（t）	（t/万元）	（kg）	（kg/万元）	（kg）	（kg/万元）
1	机械	38007	905100	23.81	478400	12.59	5730	0.15	326560	8.59	485	0.01
2	石化	507709	30051529	59.19	3942011	7.76	502912	0.99	4075233	8.03	31101	0.06
3	建材	80606	3618800	44.89	916225	11.37	191205	2.37	48995	0.61	5986	0.07
4	电力	15109	76960500	5093.69	76960100	5093.66	47888	3.17	461106	30.52	74910	4.96
5	交通运输	0	223927	—	62876	—	5.3	—	2694	—	260	—
6	造纸	190433	24848862	130.49	7705862	40.46	255519	1.34	1332322	7.00	66651	0.35
7	食品	2000	70000	35.00	70000	35.00	0	0.00	167000	83.50	1000	0.50
8	医药	75961	15103000	198.83	1587720	20.90	2750	0.04	1821008	23.97	4020	0.05
9	饮料	292490	872592	2.98	842592	2.88	20771	0.07	826567	2.83	6405	0.02

（2）宁安市控制单元工业行业分析

2010年宁安共有7大行业13个企业，见表4-14，食品行业最多，有4个企业，占总数的30.77%，其次是建材行业。

2010 年宁安市控制单元行业分类　　　　　　　　　表 4-14

行业分类	行业名称	企业数量	行业分类	行业名称	企业数量
煤炭（M1）	煤炭开采和洗选业		冶金（M9）	黑色金属矿采选业	
食品（M2）	农副食品加工业	4		黑色金属冶炼及压延加工业	1
	食品制造业			通用设备制造业	
饮料（M3）	饮料制造业	1		专用设备制造业	
纺织（M4）	纺织业		机械（M10）	交通运输设备制造业	
	非金属矿采选业			电气机械及器材制造业	
建材（M5）	非金属矿物制品业	3		通信设备、计算机及其他电子设备制造业	
	其他采矿业			金属制品业	
造纸（M6）	造纸及纸制品业		电力（M11）	电力、热力的生产和供应业	1
	石油加工、炼焦及核燃料加工业			自来水的生产和供应业	
石化（M7）	化学原料及化学制品制造业	1	木材（M12）	木材加工及竹、藤、棕、草制品业	2
	橡胶制品业		烟草（M13）	烟草制品业	
	原油加工及石油制品制造		交通运输（M14）	交通运输、仓储和邮政业	
医药（M8）	医药制造业				

由表 4-15 可知，宁安工业用水量、万元工业用水量、新鲜用水量、万元新鲜水量、煤炭消费量、万元煤炭消费量、氨氮排放量、万元氨氮排放量最多的行业是石化；万元化学需氧量排放最多的行业是饮料；冶金行业工业生产总值最多，为 42000 万元；食品行业化学需氧量排放最多；石化行业耗能最大，石化和饮料行业单位万元产生的污染物最多。

2010 年宁安控制单元各个行业用水量及污染物排放情况　　　　　　表 4-15

序号	行业	工业生产总值（万元）	工业用水量		新鲜用水量		煤炭消费量		COD 排放量		氨氮排放量	
			（t）	（t/万元）	（t）	（t/万元）	（t）	（t/万元）	（kg）	（kg/万元）	（kg）	（kg/万元）
1	石化	22100	28960000	1310.41	19080000	863.35	437000	19.77	372945	16.88	85777	3.88
2	建材	23058	133440	5.79	21340	0.93	100568	4.36	773	0.03	10	0.00
3	电力	6400	77400	12.09	77400	12.09	79000	12.34	5530	0.86	320	0.05
4	木材	7000	26730	3.82	26310	3.76	34500	4.93	2210	0.32	142	0.02
5	食品	28100	1845000	65.66	1195000	42.53	77700	2.77	2696570	95.96	13660	0.49
6	饮料	2426	364295	150.16	172285	71.02	5002	2.06	852685	351.48	1520	0.63
7	冶金	42000	1822528	43.39	62528	1.49	15270	0.36	5627	0.13	500	0.01

（3）海林市控制单元工业行业分析

2010 年海林共有 4 大行业 4 个企业，见表 4-16。

2010 年海林市控制单元行业分类　　　　　　　　　表 4-16

行业分类	行业名称	企业数量	行业分类	行业名称	企业数量
煤炭（M1）	煤炭开采和洗选业		冶金（M9）	黑色金属矿采选业	
食品（M2）	农副食品加工业			黑色金属冶炼及压延加工业	
	食品制造业			通用设备制造业	
饮料（M3）	饮料制造业			专用设备制造业	
纺织（M4）	纺织业		机械（M10）	交通运输设备制造业	
	非金属矿采选业			电气机械及器材制造业	
建材（M5）	非金属矿物制品业	1		通信设备、计算机及其他电子设备制造业	
	其他采矿业			金属制品业	
造纸（M6）	造纸及纸制品业	1	电力（M11）	电力、热力的生产和供应业	1
	石油加工、炼焦及核燃料加工业			自来水的生产和供应业	
石化（M7）	化学原料及化学制品制造业		木材（M12）	木材加工及竹、藤、棕、草制品业	
	橡胶制品业		烟草（M13）	烟草制品业	1
	原油加工及石油制品制造		交通运输（M14）	交通运输、仓储和邮政业	
医药（M8）	医药制造业				

由表 4-17 可知，海林工业用水量、万元工业用水量、新鲜用水量、万元新鲜水量、化学需氧量排放、万元化学需氧量排放、氨氮排放量、万元氨氮排放量最多的行业是造纸；煤炭消费量、万元煤炭消费量最多的行业是电力；烟草行业工业生产总值最多，为 71746 万元；造纸行业耗能最大，单位万元产生的污染物最多。

2010 年海林控制单元各个行业用水量及污染物排放情况　　　　表 4-17

序号	行业	工业生产总值（万元）	工业用水量（t）	工业用水量（t/万元）	新鲜用水量（t）	新鲜用水量（t/万元）	煤炭消费量（t）	煤炭消费量（t/万元）	COD 排放量（kg）	COD 排放量（kg/万元）	氨氮排放量（kg）	氨氮排放量（kg/万元）
1	建材	3369	0	0.00	0	0.00	8111	2.41	0	0.00	0	0.00
2	电力	4400	99020	22.50	0	0.00	69320	15.75	0	0.00	0	0.00
3	造纸	5853	2068352	353.38	1069800	182.78	4200	0.72	2561110	437.57	9630	1.65
4	烟草	71746	156627	2.18	133133	1.86	12993	0.18	1479	0.02	28	0.00

（4）林口县控制单元工业行业分析

2010 年林口共有 6 大行业 14 个企业，见表 4-18，建材行业最多，有 5 个企业，占总数的 35.71%，其次是食品和电力行业。

2010 年林口县控制单元行业分类　　　　表 4-18

行业分类	行业名称	企业数量	行业分类	行业名称	企业数量
煤炭（M1）	煤炭开采和洗选业	1	冶金（M9）	黑色金属矿采选业	
食品（M2）	农副食品加工业	3		黑色金属冶炼及压延加工业	
	食品制造业			通用设备制造业	
饮料（M3）	饮料制造业	1		专用设备制造业	
纺织（M4）	纺织业		机械（M10）	交通运输设备制造业	
	非金属矿采选业	2		电气机械及器材制造业	
建材（M5）	非金属矿物制品业	3		通信设备、计算机及其他电子设备制造业	
	其他采矿			金属制品业	
造纸（M6）	造纸及纸制品业		电力（M11）	电力、热力的生产和供应业	
	石油加工、炼焦及核燃料加工业			自来水的生产和供应业	
	化学原料及化学制品制造业		木材（M12）	木材加工及竹、藤、棕、草制品业	
石化（M7）	橡胶制品业		烟草（M13）	烟草制品业	3
	原油加工及石油制品制造		交通运输（M14）	交通运输、仓储和邮政业	
医药（M8）	医药制造业	1			

由表 4-19 可知，林口万元工业用水量、万元氨氮排放量最多的行业是建材；煤炭消费量、万元煤炭消费量最多的行业是电力；万元化学需氧量排放最多的行业是食品；煤炭行业工业生产总值、工业用水量、新鲜用水量、万元新鲜水量、氨氮排放量、化学需氧量排放最多。

2010 年林口控制单元各个行业用水量及污染物排放情况　　　　表 4-19

序号	行业	工业生产总值（万元）	工业用水量（t）	（t/万元）	新鲜用水量（t）	（t/万元）	煤炭消费量（t）	（t/万元）	COD 排放量（kg）	（kg/万元）	氨氮排放量（kg）	（kg/万元）
1	建材	3291	805000	244.61	100000	30.39	10000	3.04	90000	27.35	8000	2.43
2	电力	2000	65400	32.70	9680	4.84	51500	25.75	1236	0.62	93	0.05
3	食品	1831	25500	13.93	25100	13.71	9380	5.12	55520	30.32	2185	1.19
4	医药	154	2340	15.19	2340	15.19	400	2.60	1560	10.13	10	0.06
5	饮料	580	2203	3.80	2203	3.80	300	0.52	10698	18.44	33	0.06
6	煤炭	20396	1036195	50.80	1035595	50.77	32000	1.57	93203	4.57	8284	0.41

综上所述，2010 年牡丹江流域工业总产值最多的行业是石化行业，为 529809.2 万元；工业用水量最多的行业是电力行业，为 77202320t；煤炭消耗量最多的行业是石化行业，为 939912t；化学需氧量排放量最多的行业是造纸行业，为 4448.18t；氨氮排放量最多的行业是石化行业，为 116.88t，详见表 4-20。

2010 年牡丹江流域工业行业分析表　　　　　　表 4-20

行业	工业总产值（现价）（万元）	工业用水量（t）	工业煤炭消费量（t）	化学需氧量（排放量）（kg）	氨氮（排放量）（kg）
石化	529809.2	59011529	939912	4448178	116878
电力	27908.6	77202320	247708	466636	75230
造纸	196286	26917214	259719	1341952	66651
机械	38007	905100	5730	326560	485
医药	76115	15105340	3150	1821008	4020
饮料	295496	1239090	26073	1679252	7925
建材	110324	4557240	309884	49768	5996
食品	31931	1940500	87080	2863570	14660
交通运输		223927	5030	2693.5	260
木材	7000	26730	34500	2210	142
冶金	42000	1822528	15270	5627	500
煤炭	20396	1036195	32000		
烟草	71746	156627	12993	28	

4.1.2.3 "十二五"初期工业行业分析

2011 年牡丹江流域共有 12 大行业 95 个企业，见表 4-21，电力行业最多，共 39 个企业，占总数的 41.05%，其次是造纸、机械和石化行业。

2011 年牡丹江流域行业分类　　　　　　表 4-21

行业分类	行业名称	企业数量	行业分类	行业名称	企业数量
煤炭（M1）	煤炭开采和洗选业	1	造纸（M6）	造纸及纸制品业	10
食品（M2）	农副食品加工业	6		石油加工、炼焦及核燃料加工业	1
	食品制造业			化学原料及化学制品制造业	5
饮料（M3）	饮料制造业	4	石化（M7）		
纺织（M4）	纺织业			橡胶制品业	1
	非金属矿采选业			原油加工及石油制品制造	1
建材（M5）	非金属矿物制品业	6			
	其他采矿业		医药（M8）	医药制造业	3

续表

行业分类	行业名称	企业数量	行业分类	行业名称	企业数量
冶金（M9）	黑色金属矿采选业	2	电力（M11）	电力、热力的生产和供应业	39
	黑色金属冶炼及压延加工业	2		自来水的生产和供应业	
机械（M10）	通用设备制造业	1	木材（M12）	木材加工及竹、藤、棕、草制品业	3
	专用设备制造业	3			
	交通运输设备制造业	3	烟草（M13）	烟草制品业	2
	电气机械及器材制造业				
	通信设备、计算机及其他电子设备制造业	1	交通运输（M14）	交通运输、仓储和邮政业	
	金属制品业	1			

（1）牡丹江市辖区控制单元工业行业分析

2011 年牡丹江市辖区共有 9 大行业 36 个企业，见表 4-22，机械行业最多，有 8 个企业，占总数的 22.22%，其次是造纸、石化和电力行业。

2011 年牡丹江市辖区控制单元行业分类　　　　　　表 4-22

行业分类	行业名称	企业数量	行业分类	行业名称	企业数量
煤炭（M1）	煤炭开采和洗选业		冶金（M9）	黑色金属矿采选业	
食品（M2）	农副食品加工业	1		黑色金属冶炼及压延加工业	
	食品制造业			通用设备制造业	1
饮料（M3）	饮料制造业	2		专用设备制造业	3
纺织（M4）	纺织业		机械（M10）	交通运输设备制造业	3
	非金属矿采选业			电气机械及器材制造业	
建材（M5）	非金属矿物制品业	2		通信设备、计算机及其他电子设备制造业	
	其他采矿业			金属制品业	1
造纸（M6）	造纸及纸制品业	7	电力（M11）	电力、热力的生产和供应业	6
	石油加工、炼焦及核燃料加工业	1		自来水的生产和供应业	
石化（M7）	化学原料及化学制品制造业	3	木材（M12）	木材加工及竹、藤、棕、草制品业	1
	橡胶制品业	1	烟草（M13）	烟草制品业	
	原油加工及石油制品制造	1	交通运输（M14）	交通运输、仓储和邮政业	
医药（M8）	医药制造业	3			

2011 年牡丹江市辖区各个行业用水量及污染物排放情况　　　　表 4-23

序号	行业	工业生产总值（万元）	工业用水量		新鲜用水量		煤炭消费量		COD 排放量		氨氮排放量	
			（t）	（t/万元）	（t）	（t/万元）	（t）	（t/万元）	（kg）	（kg/万元）	（kg）	（kg/万元）
1	机械	142783	648111	4.54	491073	3.44	30861	0.22	931410	6.52	4270	0.03
2	石化	494413	31524310	63.76	2840816	5.75	390577	0.79	190870	0.39	27278	0.06
3	建材	73363	6300010	85.87	760130	10.36	240826	3.28	43070	0.59	2880	0.04
4	电力	186447	25405000	136.26	16128000	86.50	4293001	23.03	461106	2.47	74910	0.40
5	木材	4544	110500	24.32	75000	16.51	5076	1.12	7425	1.63	750	0.17
6	造纸	214502	17189705	80.14	8327005	38.82	235872	1.10	1341523	6.25	16121	0.08
7	食品	11202	4500000	401.71	4500000	401.71	0	0.00	87315	7.79	11910	1.06
8	医药	60614	76700	1.27	69200	1.14	2383	0.04	4875	0.08	211	0.00
9	饮料	40587	1593000	39.25	1550000	38.19	20800	0.51	86330	2.13	9508	0.23

由表 4-23 可知，牡丹江市辖区万元工业用水量、万元新鲜水量、万元化学需氧量、万元氨氮排放量排放最多的行业是食品；万元煤炭消费量、煤炭消费量最多的行业是电力；石化行业工业生产总值、工业用水量、氨氮排放量最多；造纸行业化学需氧量排放最多；电力行业耗能最大，造纸和石化行业排放污染物最多。

（2）宁安市控制单元工业行业分析

2011 年宁安共有 8 大行业 40 个企业，见表 4-24，电力行业最多，有 27 个企业，占总数的 67.50%。

2011 年宁安市控制单元行业分类行业分类　　　　表 4-24

行业分类	行业名称	企业数量	行业分类	行业名称	企业数量
煤炭（M1）	煤炭开采和洗选业		造纸（M6）	造纸及纸制品业	
食品（M2）	农副食品加工业	4		石油加工、炼焦及核燃料加工业	
	食品制造业			化学原料及化学制品制造业	1
饮料（M3）	饮料制造业	1	石化（M7）		
纺织（M4）	纺织业			橡胶制品业	
建材（M5）	非金属矿采选业	3		原油加工及石油制品制造	
	非金属矿物制品业		医药（M8）	医药制造业	
	其他采矿业				

续表

行业分类	行业名称	企业数量	行业分类	行业名称	企业数量
冶金（M9）	黑色金属矿采选业	2	电力（M11）	电力、热力的生产和供应业	27
	黑色金属冶炼及压延加工业			自来水的生产和供应业	
机械（M10）	通用设备制造业	1	木材（M12）	木材加工及竹、藤、棕、草制品业	1
	专用设备制造业				
	交通运输设备制造业		烟草（M13）	烟草制品业	
	电气机械及器材制造业				
	通信设备、计算机及其他电子设备制造业		交通运输（M14）	交通运输、仓储和邮政业	
	金属制品业				

2011 年宁安控制单元各个行业用水量及污染物排放情况 表 4-25

序号	行业	工业生产总值（万元）	工业用水量		新鲜用水量		煤炭消费量		COD 排放量		氨氮排放量	
			（t）	（t/万元）	（t）	（t/万元）	（t）	（t/万元）	（kg）	（kg/万元）	（kg）	（kg/万元）
1	机械	2000	19300	9.65	1744	0.87	19124	9.56	0	0.00	0	0.00
2	石化	26000	34438421	1324.55	1574400	60.55	461971	17.77	163470	6.29	62200	2.39
3	建材	30380	45000	1.48	23300	0.77	95434	3.14	260	0.01	30	0.00
4	电力	6841	84760	12.39	84760	12.39	99730	14.58	4338	0.63	0	0.00
5	木材	500	1400	2.80	1400	2.80	2800	5.60	90	0.18	0	0.00
6	食品	25980	4289778	165.12	1929778	74.28	53770	2.07	220920	8.50	21780	0.84
7	饮料	2426	6000000	2473.21	4800000	1978.57	5002	2.06	237900	98.06	32600	13.44
8	冶金	8100	2302528	284.26	162528	20.07	15270	1.89	16030	1.98	0	0.00

由表 4-25 可知，宁安万元工业用水量、新鲜用水量、万元新鲜用水量、化学需氧量排放、万元化学需氧量排放量、万元氨氮排放量最多的行业是饮料；工业用水量、煤炭消费量、万元煤炭消费量、氨氮排放量最多的行业是石化；建材行业工业生产总值最多，石化和饮料行业耗能最大，饮料行业单位万元产生的污染物最多。

（3）海林市控制单元工业行业分析

2011 年海林共有 8 大行业 11 个企业，见表 4-26，电力行业最多，有 3 个企业，占总数的 27.27%。

2011 年海林市控制单元行业分类　　　　　　表 4-26

行业分类	行业名称	企业数量	行业分类	行业名称	企业数量
煤炭（M1）	煤炭开采和洗选业		冶金（M9）	黑色金属矿采选业	2
食品（M2）	农副食品加工业			黑色金属冶炼及压延加工业	
	食品制造业			通用设备制造业	
饮料（M3）	饮料制造业	1		专用设备制造业	
纺织（M4）	纺织业		机械（M10）	交通运输设备制造业	
	非金属矿采选业			电气机械及器材制造业	
建材（M5）	非金属矿物制品业	1		通信设备、计算机及其他电子设备制造业	
	其他采矿业			金属制品业	
造纸（M6）	造纸及纸制品业	1	电力（M11）	电力、热力的生产和供应业	3
	石油加工、炼焦及核燃料加工业			自来水的生产和供应业	
	化学原料及化学制品制造业	1	木材（M12）	木材加工及竹、藤、棕、草制品业	1
石化（M7）	橡胶制品业		烟草（M13）	烟草制品业	1
	原油加工及石油制品制造		交通运输（M14）	交通运输、仓储和邮政业	
医药（M8）	医药制造业				

2011 年海林控制单元各个行业用水量及污染物排放情况　　　　表 4-27

序号	行业	工业生产总值（万元）	工业用水量		新鲜用水量		煤炭消费量		COD 排放量		氨氮排放量	
			（t）	（t/万元）	（t）	（t/万元）	（t）	（t/万元）	（kg）	（kg/万元）	（kg）	（kg/万元）
1	石化	800	1503280	1879.10	1365940	1707.43	600	0.75	703491	879.36	71881	89.85
2	建材	2755	9000	3.27	2500	0.91	9700	3.52	0	0.00	0	0.00
3	电力	6975	177000	25.38	63000	9.03	111000	15.91	963	0.14	0	0.00
4	木材	5000	3000	0.60	2500	0.50	2100	0.42	126	0.03	0	0.00
5	造纸	4051	1650000	407.31	1500000	370.28	7350	1.81	642210	158.53	15670	3.87
6	饮料	14000	1200000	85.71	1200000	85.71	15000	1.07	135000	9.64	7800	0.56
7	冶金	2600	1320000	507.69	280000	107.69	0	0.00	15773	6.07	700	0.27
8	烟草	81821	157491	1.92	136950	1.67	9242	0.11	2190	0.03	70	0.00

由表 4-27 可知，海林万元工业用水量、万元新鲜水量、化学需氧量排放、万元化学需氧量排放、氨氮排放量、万元氨氮排放量最多的行业是石化；煤炭消费量、万元煤炭消费量最多的行业是电力；烟草行业工业生产总值最多；造纸行业工业用水量和新鲜用水量最多；石化、造纸和电力行业耗能最大，石化行业单位万元产生的污染物最多。

（4）林口县控制单元工业行业分析

2011 年林口共有 5 大行业 8 个企业，见表 4-28，电力行业最多，有 3 个企业，占总数的 37.50%。

2011 年林口县控制单元行业分类　　　　　　　表 4-28

行业分类	行业名称	企业数量	行业分类	行业名称	企业数量
煤炭（M1）	煤炭开采和洗选业	1	冶金（M9）	黑色金属矿采选业	
食品（M2）	农副食品加工业	1		黑色金属冶炼及压延加工业	
	食品制造业			通用设备制造业	
饮料（M3）	饮料制造业		机械（M10）	专用设备制造业	
纺织（M4）	纺织业			交通运输设备制造业	
建材（M5）	非金属矿采选业			电气机械及器材制造业	
	非金属矿物制品业			通信设备、计算机及其他电子设备制造业	
	其他采矿业			金属制品业	
造纸（M6）	造纸及纸制品业	2	电力（M11）	电力、热力的生产和供应业	3
	石油加工、炼焦及核燃料加工业			自来水的生产和供应业	
石化（M7）	化学原料及化学制品制造业		木材（M12）	木材加工及竹、藤、棕、草制品业	
	橡胶制品业		烟草（M13）	烟草制品业	1
	原油加工及石油制品制造		交通运输（M14）	交通运输、仓储和邮政业	
医药（M8）	医药制造业				

2011 年林口控制单元各个行业用水量及污染物排放情况　　　　表 4-29

序号	行业	工业生产总值（万元）	工业用水量		新鲜用水量		煤炭消费量		COD 排放量		氨氮排放量	
			（t）	（t/万元）	（t）	（t/万元）	（t）	（t/万元）	（kg）	（kg/万元）	（kg）	（kg/万元）
1	电力	4250	80000	18.82	35000	8.24	44000	10.35	820	0.19	400	0.09
2	造纸	260	187000	719.23	187000	719.23	1200	4.62	49690	191.12	710	2.73
3	食品	1000	16000	16.00	15600	15.60	2000	2.00	50830	50.83	0	0
4	烟草	2300	16000	6.96	10000	4.35	2665	1.16	700	0.30	35	0.02
5	煤炭	3628	1460000	402.43	1460000	402.43	12000	3.31	78000	21.50	35000	9.65

由表4-29可知，林口万元工业用水量、万元新鲜水量、万元化学需氧量排放最多的行业是造纸；工业生产总值、煤炭消费量、万元煤炭消费量最多的行业是电力；工业用水量、新鲜用水量、化学需氧量排放、氨氮排放量、万元氨氮排放量最多的行业是煤炭；煤炭和电力行业耗能最大，煤炭行业产生的污染物最多。

综上所述，2011年牡丹江流域工业总产值最多的行业是石化行业，为521213万元；工业用水量最多的行业是石化行业，为67466011t；煤炭消耗量最多的行业是电力行业，为4547731t；化学需氧量排放量最多的行业是造纸行业，为2033.42t；氨氮排放量最多的行业是石化行业，为161.36t，详见表4-30。

2011 年牡丹江流域工业行业分析表　　　　表 4-30

行业	工业总产值（现价）（万元）	工业用水量（t）	煤炭消费量（t）	化学需氧量排放量（t）	氨氮排放量（t）
食品	38182	8805778.4	55700	359.065	33.69
饮料	57013	8793000	40802	459.23	49.908
建材	106497.8	6354010	345959.9	43.33	2.91
造纸	218812.8	19026705	244422	2033.423	32.501
石化	521213	67466011	853148	1057.831	161.359
医药	60614	76700	2383	4.875	0.211
机械	144783	667410.9	49985.4	931.417	4.27
电力	204513	25746760	4547731	94.885	5.566
木材	10044	114900	9976	7.641	0.75
冶金	10700	3622528	15270	31.803	0.7
烟草	84121	173491	11907	2.89	0.105
煤炭	3628	1460000	12000	78	35

4.1.2.4　"十二五"末期工业行业分析

2015年牡丹江流域共有12大行业101个企业，见表4-31，电力行业最多，有32个企业，占总数的31.68%，其次是建材和机械行业。

（1）牡丹江市辖区控制单元工业行业分析

2015年牡丹江市辖区共有9大行业52个企业，见表4-32，电力行业最多，有14个企业，占总数的26.92%，其次是石化和机械行业。

2015 年牡丹江流域行业分类　　　　　　　　　　　　　　　表 4-31

行业分类	行业名称	企业数量	行业分类	行业名称	企业数量
煤炭（M1）	煤炭开采和洗选业	1	冶金（M9）	黑色金属矿采选业	1
食品（M2）	农副食品加工业	8		黑色金属冶炼及压延加工业	1
	食品制造业			通用设备制造业	
饮料（M3）	饮料制造业	3		专用设备制造业	9
纺织（M4）	纺织业			交通运输设备制造业	2
	非金属矿采选业		机械（M10）	电气机械及器材制造业	
建材（M5）	非金属矿物制品业	14		通信设备、计算机及其他电子设备制造业	
	其他采矿业			金属制品业	
造纸（M6）	造纸及纸制品业	8	电力（M11）	电力、热力的生产和供应业	32
	石油加工、炼焦及核燃料加工业	2		自来水的生产和供应业	
石化（M7）	化学原料及化学制品制造业	4	木材（M12）	木材加工及竹、藤、棕、草制品业	7
	橡胶制品业	2	烟草（M13）	烟草制品业	2
	原油加工及石油制品制造		交通运输（M14）	交通运输、仓储和邮政业	
医药（M8）	医药制造业	5			

2015 年牡丹江市辖区控制单元行业分类　　　　　　　　　　表 4-32

行业分类	行业名称	企业数量	行业分类	行业名称	企业数量
煤炭（M1）	煤炭开采和洗选业		冶金（M9）	黑色金属矿采选业	
食品（M2）	农副食品加工业	2		黑色金属冶炼及压延加工业	
	食品制造业			通用设备制造业	
饮料（M3）	饮料制造业	2		专用设备制造业	9
纺织（M4）	纺织业		机械（M10）	交通运输设备制造业	2
	非金属矿采选业			电气机械及器材制造业	
建材（M5）	非金属矿物制品业	2		通信设备、计算机及其他电子设备制造业	
	其他采矿业			金属制品业	
造纸（M6）	造纸及纸制品业	6	电力（M11）	电力、热力的生产和供应业	14
	石油加工、炼焦及核燃料加工业	2		自来水的生产和供应业	
石化（M7）	化学原料及化学制品制造业	2	木材（M12）	木材加工及竹、藤、棕、草制品业	5
	橡胶制品业		烟草（M13）	烟草制品业	
	原油加工及石油制品制造		交通运输（M14）	交通运输、仓储和邮政业	
医药（M8）	医药制造业	4			

2015 年牡丹江市辖区各个行业用水量及污染物排放情况 表 4-33

序号	行业	工业生产总值（万元）	工业用水量		新鲜用水量		煤炭消费量		COD 排放量		氨氮排放量	
			（t）	（t/万元）	（t）	（t/万元）	（t）	（t/万元）	（kg）	（kg/万元）	（kg）	（kg/万元）
1	机械	178996	1005356	5.62	904580	5.05	18594	0.1	44690	0.25	3670	0.02
2	石化	143664	17955684	124.98	1104355	7.69	123551	0.86	38920	0.27	640	0.004
3	建材	50592	20756	0.41	20756	0.41	202100	3.99	500	0.01	80	0.001
4	电力	201229	372357064	1850.4	9888170	49.14	2846059	14.14	11566	0.06	210	0.001
5	木材	131	0	0	0	0	1500	11.45	0	0	0	0
6	造纸	181350	4187718	23.09	3719124	20.51	178500	0.98	171959	0.95	6040	0.033
7	食品	50	0	0	0	0	500	10	0	0	0	0
8	医药	171717	184000	1.07	153800	0.9	5038	0.03	8106	0.047	699	0.004
9	饮料	7189	703601	9.77	654993	9.1	14079	0.2	55680	0.77	2700	0.038

由表 4-33 可知，牡丹江市辖区工业生产总值、工业用水量、万元工业用水量、新鲜用水量、万元新鲜水量、煤炭消费量、万元煤炭消费量最多的行业是电力；化学需氧量排放量、万元化学需氧量排放量、氨氮排放量最多的行业是造纸；万元氨氮排放量排放最多的行业是饮料。

（2）宁安市控制单元工业行业分析

2015 年宁安共有 6 大行业 22 个企业，见表 4-34。

2015 年宁安市控制单元行业分类 表 4-34

行业分类	行业名称	企业数量	行业分类	行业名称	企业数量
煤炭（M1）	煤炭开采和洗选业		石化（M7）	橡胶制品业	
食品（M2）	农副食品加工业	1		原油加工及石油制品制造	
	食品制造业		医药（M8）	医药制造业	
饮料（M3）	饮料制造业	1	冶金（M9）	黑色金属矿采选业	
纺织（M4）	纺织业			黑色金属冶炼及压延加工业	1
建材（M5）	非金属矿采选业	5	机械（M10）	通用设备制造业	
	非金属矿物制品业			专用设备制造业	
	其他采矿业			交通运输设备制造业	
造纸（M6）	造纸及纸制品业			电气机械及器材制造业	
石化（M7）	石油加工、炼焦及核燃料加工业	1		通信设备、计算机及其他电子设备制造业	
	化学原料及化学制品制造业			金属制品业	

续表

行业分类	行业名称	企业数量	行业分类	行业名称	企业数量
电力（M11）	电力、热力的生产和供应业	8	烟草（M13）	烟草制品业	
	自来水的生产和供应业		交通运输（M14）	交通运输、仓储和邮政业	
木材（M12）	木材加工及竹、藤、棕、草制品业	2			

2015 年宁安控制单元各个行业用水量及污染物排放情况 表 4-35

序号	行业	工业生产总值（万元）	工业用水量		新鲜用水量		煤炭消费量		COD 排放量		氨氮排放量	
			（t）	（t/万元）	（t）	（t/万元）	（t）	（t/万元）	（kg）	（kg/万元）	（kg）	（kg/万元）
1	石化	30000	0	0	0	0	714216	21.81	0	0	0	0
2	建材	4266	497150	116.54	12950	3.04	14400	3.38	4100	0.96	41	0.009
3	电力	10896	506299	46.47	506299	46.47	117711	10.8	13282	1.22	3030	0.278
4	木材	14422	15300	1.06	15300	1.06	4500	0.31	1590	0.11	50	0.003
5	食品	18900	3125000	165.34	1045000	55.29	38700	2.05	189620	10.03	2570	0.136
6	冶金	25200	2100000	83.33	42000	1.67	40.1	0.001	1200	0.05	110	0.004

由表 4-35 可知，宁安市控制单元工业生产总值、煤炭消费量、万元煤炭消费量最多的行业是石化；工业用水量、万元工业用水量、新鲜用水量、万元新鲜水量、化学需氧量排放量、万元化学需氧量排放量最多的行业是食品；氨氮排放量、万元氨氮排放量排放最多的行业是电力。

（3）海林市控制单元工业行业分析

2015 年海林共有 7 大行业 9 个企业，见表 4-36。

2015 年海林市控制单元行业分类 表 4-36

行业分类	行业名称	企业数量	行业分类	行业名称	企业数量
煤炭（M1）	煤炭开采和洗选业			非金属矿采选业	
食品（M2）	农副食品加工业	1	建材（M5）	非金属矿物制品业	1
	食品制造业			其他采矿业	
饮料（M3）	饮料制造业		造纸（M6）	造纸及纸制品业	1
纺织（M4）	纺织业		石化（M7）	石油加工、炼焦及核燃料加工业	

行业分类	行业名称	企业数量	行业分类	行业名称	企业数量
石化（M7）	化学原料及化学制品制造业		机械（M10）	电气机械及器材制造业	
	橡胶制品业			通信设备、计算机及其他电子设备制造业	
医药（M8）	原油加工及石油制品制造			金属制品业	
	医药制造业		电力（M11）	电力、热力的生产和供应业	3
冶金（M9）	黑色金属矿采选业	1		自来水的生产和供应业	
	黑色金属冶炼及压延加工业		木材（M12）	木材加工及竹、藤、棕、草制品业	
机械（M10）	通用设备制造业		烟草（M13）	烟草制品业	1
	专用设备制造业		交通运输（M14）	交通运输、仓储和邮政业	
	交通运输设备制造业				

2015 年海林控制单元各个行业用水量及污染物排放情况　　　表 4-37

序号	行业	工业生产总值（万元）	工业用水量		新鲜用水量		煤炭消费量		COD 排放量		氨氮排放量	
			（t）	（t/万元）	（t）	（t/万元）	（t）	（t/万元）	（kg）	（kg/万元）	（kg）	（kg/万元）
1	建材	520	0	0	0	0	9430	18.13	0	0	0	0
2	电力	6026	140921	23.38	118021	19.58	80511	13.36	2600	0.43	115	0.019
3	造纸	4456	147220	33.04	1353000	30.38	8085	1.81	510280	114.52	12450	2.794
4	烟草	83498	97883	1.17	97883	1.17	6610	0.08	3600	0.04	350	0.004
5	食品	25000	1900000	76	1900000	76	600000	24	4118340	164.73	17000	0.68
6	冶金	0	0	0	0	0	0	0	0	0	0	0
7	石化	0	0	0	0	0	0	0	0	0	0	0

由表 4-37 可知，海林市控制单元工业生产总值最多的行业是烟草；工业用水量、万元工业用水量、新鲜用水量、万元新鲜水量、煤炭消费量、万元煤炭消费量、化学需氧量排放量、氨氮排放量、万元化学需氧量排放量最多的行业是食品；万元氨氮排放量排放最多的行业是造纸。

（4）林口县控制单元工业行业分析

2015 年林口共有 7 大行业 18 个企业，见表 4-38。

2015 年林口县控制单元行业分类　　　　　　　　　　表 4-38

行业分类	行业名称	企业数量	行业分类	行业名称	企业数量
煤炭（M1）	煤炭开采和洗选业	1	冶金（M9）	黑色金属矿采选业	
食品（M2）	农副食品加工业	1		黑色金属冶炼及压延加工业	
	食品制造业			通用设备制造业	
饮料（M3）	饮料制造业			专用设备制造业	
纺织（M4）	纺织业		机械（M10）	交通运输设备制造业	
建材（M5）	非金属矿采选业	6		电气机械及器材制造业	
	非金属矿物制品业			通信设备、计算机及其他电子设备制造业	
	其他采矿业			金属制品业	
造纸（M6）	造纸及纸制品业	1	电力（M11）	电力、热力的生产和供应业	7
石化（M7）	石油加工、炼焦及核燃料加工业			自来水的生产和供应业	
	化学原料及化学制品制造业		木材（M12）	木材加工及竹、藤、棕、草制品业	
	橡胶制品业		烟草（M13）	烟草制品业	1
	原油加工及石油制品制造		交通运输（M14）	交通运输、仓储和邮政业	
医药（M8）	医药制造业	1			

2015 年林口控制单元各个行业用水量及污染物排放情况　　　　表 4-39

序号	行业	工业生产总值（万元）	工业用水量		新鲜用水量		煤炭消费量		COD 排放量		氨氮排放量	
			（t）	（t/万元）	（t）	（t/万元）	（t）	（t/万元）	（kg）	（kg/万元）	（kg）	（kg/万元）
1	建材	3291	805000	244.61	100000	30.39	10000	3.04	90000	27.35	8000	2.43
2	电力	2000	65400	32.70	9680	4.84	51500	25.75	1236	0.62	93	0.05
3	食品	1831	25500	13.93	25100	13.71	9380	5.12	55520	30.32	2185	1.19
4	医药	154	2340	15.19	2340	15.19	400	2.60	1560	10.13	10	0.06
5	饮料	580	2203	3.80	2203	3.80	300	0.52	10698	18.44	33	0.06
6	煤炭	20396	1036195	50.80	1035595	50.77	32000	1.57	93203	4.57	8284	0.41

由表 4-39 可知，林口县控制单元煤炭消费量、万元煤炭消费量最多的行业是电力；工业生产总值、工业用水量、新鲜用水量、万元新鲜水量、化学需氧量排放、氨氮排放量排放最多的行业是煤炭；万元工业用水量、万元氨氮排放量最多的行业是建材；万元化学需氧量排放最多的行业是食品。

综上所述，2015 年牡丹江流域工业总产值最多的行业是电力行业，为 222550 万元；

工业用水量最多的行业是电力行业，为 373005333 t；煤炭消耗量最多的行业是电力行业，为 3121118 t；化学需氧量排放量最多的行业是食品行业，为 4308 t；氨氮排放量最多的行业是食品行业，为 18.51 t，详见表 4-40。

2015 年牡丹江流域工业行业分析表

表 4-40

行业	工业总产值（现价）（万元）	工业用水量（t）	工业煤炭消费量（t）	化学需氧量（排放量）（kg）	氨氮（排放量）（kg）
石化	173664	17955683	838618	38920	640
机械	178996	1005365	18594	44690	3670
电力	222550	373005333	3121118	27448	3355
木材	14553	15300	6000	1590	50
煤炭	2100	12800	10000	700	20
建材	57878	597906	233230	7160	662
造纸	186036	5831938	187585	686919	18510
食品	44270	5026000	66430	4308360	19580
医药	172067	184500	5158	8306	709
饮料	71987	703601	14079	55680	2700
冶金	25200	2100000	40	1200	110
烟草	86098	97883	9610	3600	350

牡丹江流域 2005 ~ 2015 年工业行业分析结果表明，牡丹江工业生产总值主要来自石化行业，石化和造纸行业排放的污染量最多，耗能主要来自电力行业。2015 年工业总产值比 2005 年增长了 57.40%，新鲜用水量大幅降低，但是氨氮排放量增加了 138.09%（见表 4-41）。

牡丹江流域工业总产值、能耗和污染物排放表

表 4-41

年份	生产总值（亿元）	耗水量（亿 t）	新鲜耗水量（亿 t）	煤炭消耗量（t）	化学需氧量（t）	氨氮（t）
2005	78.49	4.32	2.77	397.62	6822	21
2010	97.61	1.58	1.24	327.31	9164	193
2011	146.01	1.42	0.49	618.93	5104	327
2015	123.54	4.06	0.22	508.4	5184	50
增加量（%）	57.40	−6.02	−92.06	27.87	−24.01	138.09

4.1.3　牡丹江流域工业行业排污特征分析

通过调查，分析比较牡丹江流域现有各行业 GDP 万元产值水耗、万元产值排水量和吨水处理费用，对牡丹江流域内的产业结构构成和布局进行分析，重点研究第二产业中各行业创造万元产值所产生的污染物量，对污染严重的行业进行筛选。

据统计"十一五"期间牡丹江流域（黑龙江省境内）共有 41 家重点工业企业，包括宁安市 8 家，海林市 3 家，牡丹江市区 27 家和林口县 3 家。据统计，这些重点工业企业废水、COD、氨氮的排放量均达到了全流域工业污染源排放总量的 90% 以上。

经分析，牡丹江流域主要排污行业为化学原料及化学制品制造业，造纸及纸制品业，煤炭开采和洗选业，石油加工、炼焦及核燃料加工业，水的生产和供应业，电力、热力的生产和供应业，酒的制造业，屠宰及肉类加工业等八大行业。2009 年八大重点行业的污水和 COD 排放量分别占全流域重点工业企业污水和 COD 总排放量的 98.13% 和 99.44%。废水排放量排在前 3 位的是化学原料及化学制品制造业、造纸及纸制品业、水的生产和供应业，所占比例为 84.27%。COD 排放量排在前 3 位的是化学原料及化学制品制造业、造纸及纸制品业、煤炭开采和洗选业，所占比例为 90.7%。结合牡丹江耗水情况的分析，"十二五"期间，牡丹江流域需要重点解决 2 个行业发展中所带来的水能源消耗大和污染物排放量大的问题，这两个行业分别是：化学原料及化学制品制造业、造纸及纸制品业。

化学原料及化学制品制造业对应 9 家企业，造纸及纸制品业对应 5 家企业，具体见表 4-42 和表 4-43。

牡丹江化学原料及化学制品制造业明细表　　　　　　　　　表 4-42

企业详细名称	行业类别代码	企业规模代码
黑龙江北方工具有限公司	2664	1
牡丹江高信石油添加剂有限责任公司	2671	3
黑龙江圣方科技股份有限公司化工四厂	2614	3
牡丹江顺达电石有限责任公司	2619	3
牡丹江鸿利化工有限责任公司	2619	1
牡丹江市红林化工有限责任公司	2661	3
山东省肥城市化肥厂宁安分厂	2629	2
牡丹江东北高新化工有限责任公司	2651	1
牡丹江东北化工有限公司	2614	2

牡丹江造纸及纸制品业明细表　　　　　　　表 4-43

企业详细名称	行业类别代码	企业规模代码
牡丹江市鑫特纸板有限责任公司	2239	2
牡丹江恒丰纸业集团有限责任公司	2210	1
大宇制纸有限公司	2223	1
牡丹江斯达造纸有限公司	2210	2
海林市柴河林海纸业有限公司	2221	2

　　从上面两个表中我们可以知道，牡丹江化学原料及化学制品制造业中，大型企业为 3 家，中型企业 2 家，小型企业 4 家；造纸及纸制品业中大型企业 2 家，其余 3 家为中型企业。从产值贡献率上来看，从 2005 年到 2015 年，化学原料及化学制品制造业产值贡献率先下降后上升，呈现反复震荡的状态；造纸及纸制品业也呈现先下降后上升的趋势，说明两个行业在牡丹江的经济产业结构中占有一定的地位，并且处于不断发展之中，具体见图 4-3 和图 4-4。

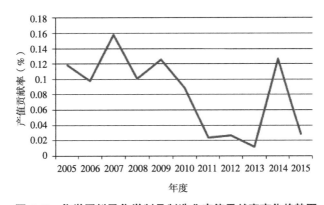

图 4-3　化学原料及化学制品制造业产值贡献率变化趋势图

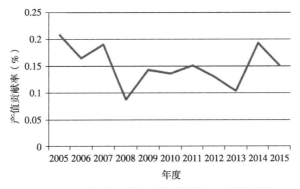

图 4-4　造纸及纸制品业产值贡献率变化趋势图

基于以上的分析，初步得出牡丹江产业结构调整的方向：

（1）设法降低目前高耗水产业部门的耗水系数，即降低单位产出的耗水量，使这个部门的位置向后挪动，这就意味着要提高这些产业部门的用水效率。这里关键在于技术政策和管理制度。重点关注行业：烟草制品业、石油加工、炼焦及核燃料加工业。

（2）优化单位产值排污量大的行业，重点关注产业化学原料及化学制品制造业、造纸及纸制品业。改造提升这些传统产业，提高产品科技含量，促进企业节水减排、提档升级，实现裂变式发展。

（3）增加单位产值耗水少的产业部门的产值比例，促进其发展，使产业结构的重心向单位产出耗水少的方向移动，这也意味着调整产业结构。促进耗水少、排污少产业的发展。

4.2 牡丹江产业结构调整优化模型的建立

本研究借助于多目标决策方法，拟构建环境、资源约束下产业结构调整优化模型。由于单目标决策方法越来越难以满足个人和群体决策的要求，代之而兴起的是多目标决策方法，近几十年来得到了迅速的发展，并形成了比较完整的理论体系。对于大型复杂的问题，多目标决策比单目标决策具有明显的优越性，解决客观现实问题时多目标决策结果更加合理。本研究建立多目标优化模型，通过工业区行业结构的合理调整，做到合理分配有限水资源。

经济系统是环境系统的子系统，因此，经济系统的活动受到环境系统的制约。经济系统要达到的目标是经济持续增长。由于受到环境系统的制约，经济系统需要满足的另一个条件是对环境的利用在环境可承受的能力之内。本研究建立了经济效益－环境损失模型，研究经济发展与环境污染、资源消耗之间的相互影响与制约关系。模型以经济增长为目标，目的在于满足环境、资源约束性目标的同时，实现较高水平的经济增长。通过模型的建立及计算合理分配有限资源以及能源。

目前求解多目标线性规划问题有效解的方法，有理想点法、线性加权和法、最大最小法、目标规划法，本研究采用理想点法进行多目标规划的求解，技术路线见图4-5。

4.2.1 模型的假设

（1）假定每个行业只生产一种产品，即每个行业只有一个相同的投入（消费）结构。

（2）假定每一个行业生产一个单位的产出所需要的资源、能源消耗以及污染物的排放是不变的。

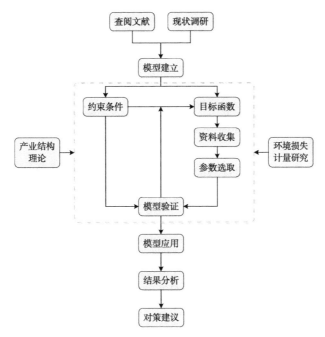

图 4-5　产业结构调整模型构建技术路线图

（3）假定在一定时期内，某一行业单位产量的产值是不变的。

4.2.2　模型的基本框架

水环境承载力约束下的工业结构优化的多目标规划模型包括目标函数和约束条件两部分内容，它以一组社会经济发展目标为目标函数，以社会经济运行的环境作为约束条件，体现发展第一、资源利用最小、不以牺牲环境为代价的可持续发展思想。其基本框架如下：

4.2.2.1　目标函数

（1）产值最大

产值的增长反映经济效益的增长，即可以反映经济发展规模，因此采用产值最大作为优化目标之一。

（2）环境损失最小

包括生态破坏损失以及环境污染损失，采用环境损失最小作为优化目标之一。

4.2.2.2　约束条件

（1）资源约束

主要考虑水资源的约束，即水资源用量不超过本地区水资源可利用量。

（2）能源约束

即煤、电、气等能源消耗（转化成标准煤）约束。

（3）环境约束

即工业废水排放量的约束，排放量不得超过本地区的排放总量。

（4）经济约束

不同时期的产值目标约束。

4.2.3 模型的建立

产业结构调整应该在统筹兼顾和综合发展的基础上，注重最优决策的应用，兼顾经济发展与资源合理配置，充分考虑资源的承载力以及环境容量，适时调整经济发展模式，建立经济结构优化的多目标规划模型。

4.2.3.1 经济效益函数

$$\max E_i = \max(\sum_{i=1}^{n} Q_i) = \max(\sum_{i=1}^{n} c_i \cdot x_i)$$

式中：E_i——经济目标函数；

Q_i——区域第 i 行业的产值；

c_i——第 i 行业单位产量的产值；

x_i——第 i 行业产量；$i=1$，2，3，$\cdots$，n；n——区域行业数。

4.2.3.2 环境损失函数

$$\min E_2 = \min（A_1 + A_2）$$

式中：E_2——环境损失；

A_1——生态破坏损失；

A_2——环境污染损失。

（1）生态破坏损失

$$A_1 = A_直 + A_间$$

式中：$A_直$——污染直接引起的生态破坏损失；

$A_间$——污染间接引起的生态破坏损失。

（2）环境污染损失

$$A_2 = A_G + A_W + A_S$$

式中：A_G——大气污染损失；

A_W——水污染损失；

A_S——固体废物污染损失。

4.2.3.3 约束条件分析

（1）社会经济约束条件

$$\sum_{i=1}^{n} c_i \cdot x_i \geqslant E$$

式中：E——区域总产值目标。

（2）资源、能源约束条件

1）水资源约束条件

$$\sum_{i=1}^{n} a_i \cdot c_i \cdot x_i \leqslant R_1$$

式中：R_1——区域可利用水资源总量，单位：t；

a_i——万元产值用水指标，单位：t/万元。

2）能源约束条件

$$\sum_{i=1}^{n} b_i \cdot c_i \cdot x_i \leqslant R_2$$

式中：R_1——区域可利用能源总量，单位：t标准煤；

b_i——万元产值标准煤用量，单位：t标准煤/万元。

（3）环境约束条件

1）COD 排放量约束

$$\sum_{i=1}^{n} e_i \cdot c_i \cdot x_i \leqslant R_3$$

式中：R_3——区域 COD 剩余环境容量或总量控制指标，单位：t；

e_i——万元产值 COD 排放指标，单位：t/万元。

2）废水排放量约束

$$\sum_{i=1}^{n} f_i \cdot c_i \cdot x_i \leqslant R_4$$

式中：R_4——区域可处理或可容纳废水量，单位：t；

f_i——万元产值废水排放量，单位：t/万元。

4.2.4 牡丹江产业结构优化模型的验证

4.2.4.1 约束条件

（1）产值目标

2015 年，牡丹江市进入环境统计数据库各个行业工业总产值为 123.54 亿元，模型中设定产值目标超过 124 亿元。

（2）水资源

2015 年，牡丹江市工业用水量为 40653 万 t，模型中水资源用量不超过此值，模型计算不超过 41000 万 t。

（3）能源约束

装机容量指的是一个发电厂或一个区域电网具有的汽（水）轮发电机组总容量，一般以"万千瓦"或"兆瓦（即千千瓦）"为单位。具有这样的发电能力并不代表全年 8760 h 均在运行，一般火电厂一年运行 5000 ~ 6500 h，水电厂运行 3500 ~ 5000 h。牡丹江 2015 年发电 59.6 亿度，其中火力发电量 48.5 亿千瓦时，风力发电量 4.1 亿千瓦时，水力发电量 6.8 亿千瓦时。折合标准煤 59.6×3.27=195 万 t 标煤。

（4）工业废水排放量

2015 年，牡丹江市工业废水排放量 1036.9 万 t，模型中工业废水排放目标低于此值。

（5）二氧化硫排放量

2015 年，牡丹江市工业二氧化硫排放量为 18188 t。

（6）化学需氧量排放量

2015 年，牡丹江市工业化学需氧量排放量为 5184 t。

（7）氨氮排放量

2015 年，牡丹江市工业氨氮排放量为 50 t。

4.2.4.2 模型中的指标

（1）环境损失计算指标

环境损失系数见表 4-44，对于污染物来说，将除 COD、NH_3-N 之外的其余污染物统称为有毒有害物质进行核算，即污染物的核算对象为 COD、NH_3-N 和有毒有害物质。

环境损失系数（单位：元 /t）　　　　　　　　　　　　　　表 4-44

	生态破坏损失	环境污染损失
工业废水	7.18	4.54
二氧化硫	4800	2000
工业固废	36.92	567.29
化学需氧量	7.0867	4.48098
氨氮	0.0718	0.0454
有毒有害物质	0.02154	0.01362

（2）模型中采用的其他系数

优化模型的其他系数见表 4-45。

表 4-45

模型中采用系数

序号	行业	产值系数	能耗系数	工业废水排放系数（t/t·产品）	化学需氧量排放系数（g/t·产品）	氨氮排放系数（g/t·产品）	石油类排放系数（g/t·产品）	二氧化硫排放系数（g/t·产品）	一般工业固体废物综合利用系数（t/t·产品）
1	煤炭开采和洗选业	0.002276	0.013029	1.486559029	80.52194739	3.014411364	0.037163976	177.5612173	0.11
2	农副食品加工业	0.374919	13.67866	253.5352758	31593.92873	2954.364276	0	34644.9626	2.507583
3	饮料制造业	0.355856	0.263442	29.9239693	2095.773131	227.763529	0	1187.694526	0.076217
4	非金属矿物制品业	0.087895	0.175424	0.248464192	14.94142053	1.303451044	0	258.9662316	0.00093
5	造纸及纸制品业	1.202678	3.008172	77.3475119	17797.7374	284.4682406	0	8096.889878	1.012002
6	石油加工、炼焦及核燃料加工业	0.653533	29.14309	0.046788222	0.205400297	0.029944462	0.007953998	0.215225823	0
7	化学原料及化学制品制造业	0.354783	1.237818	19.08910467	6204.046329	554.4965937	0	14087.03452	0.718161
8	橡胶制品业	0.024849	0.044596	0.412643239	36.76620657	1.650431452	0	124.7234541	0.019165
9	原油加工及石油制品制造	0.262371	0.048786	1.267135336	76.01744003	52.82433061	1.884729918	317.2000452	0
10	医药制造业	2.250749	0.130767	1.318830186	156.8850108	4.203522193	0	303.2114113	0.011953
11	黑色金属冶炼业及压延加工业	0.222258	0.15755	0.00099	133.5833333	0	0	814.4166667	0.0291
12	黑色金属矿采选业	0.031515	0.020206	2.125006061	191.1878788	8.484848485	0	0	1.848242
13	专用设备制造业	9.208450	33.14428	70.17289194	6188.632105	674.5783885	0	94815.74016	0
14	通用设备制造业	354.5263	60.2	410.5263158	9634105.263	8315.789474	158126.3158	370526.3158	0
15	通信设备、计算机及其他电子设备制造业	0.087719	0.913158	0.016885965	0.350877193	0	0	4584.210526	0.08176

续表

序号	行业	产值系数	能耗系数	工业废水排放系数（t/t·产品）	化学需氧量排放系数（g/t·产品）	氨氮排放系数（g/t·产品）	石油类排放系数（g/t·产品）	二氧化硫排放系数（g/t·产品）	一般工业固体废物综合利用系数（t/t·产品）
16	交通运输设备制造业	0.595250	0.26973	4.768191034	421.0783209	110.3852219	9.761958399	3003.679507	0
17	电力、热力的生产和供应业	0.017602	0.038309	0.007089161	0.582649667	0.034178511	0	83.29848499	0.009333
18	烟草制品业	0.506262	0.052901	0.711887685	279.6047612	1.018617427	0.763009309	302.7239432	0
19	木材加工及竹、藤、棕、草制品业	0.109305	0.306826	0.673217391	66.44347826	6.52173913	0	516.5217391	0.013839
20	自来水的生产和供应业	0.000227	3.84E-05	0.075341391	6.780725161	1.13012086	0	0.24591116	1.57E-05
21	交通运输、仓储和邮政业	29.93617	1.051539	10.07688238	320.9310527	35.26714865	10.22747311	6115.323576	0
22	非金属矿采选业	0.047102	0.132215	47.17	99610	11.19	453	0	36.71
23	电气机械及器材制造业	0.004942	0.003476	0.010200997	0.906755327	0.075562944	0	22.24573069	0.001043

4.2.5 牡丹江产业结构优化模型

依据以上研究内容，可以构建出牡丹江流域经济目标函数和环境损失目标函数，函数的运行采用 MATLAB 平台进行多目标优化模型计算。

4.2.5.1 多目标规划方程

数学模型为：

$$\max \begin{cases} z_1 = c_{11}x_1 + c_{12}x_2 + \cdots + c_{1n}x_n \\ z_2 = c_{21}x_1 + c_{22}x_2 + \cdots + c_{2n}x_n \\ \vdots \qquad \vdots \qquad \qquad \vdots \\ z_r = c_{r1}x_1 + c_{r2}x_2 + \cdots + c_{rn}x_n \end{cases}$$

约束条件为：

$$\begin{cases} a_{11}x_1 + a_{12}x_2 + \cdots + a_{1n}x_n \leqslant b_1 \\ a_{21}x_1 + a_{22}x_2 + \cdots + a_{2n}x_n \leqslant b_2 \\ \vdots \qquad \vdots \qquad \qquad \vdots \\ a_{m1}x_1 + a_{m2}x_2 + \cdots + a_{mn}x_n \leqslant b_m \\ x_1, x_2, \cdots, x_n \geqslant 0 \end{cases}$$

目标线性规划矩阵形式为：

$$\max Z = Cx$$

约束条件：

$$\begin{cases} Ax \leqslant b \\ x \geqslant 0 \end{cases}$$

$$\min_{x \in D} \varphi[Z(x)] = \sqrt{\sum_{i=1}^{r} [Z_i(x) - Z_i^*]^2}$$

4.2.5.2 经济目标函数

$\text{Max} f_1(x) = 0.0058 \cdot x(1) + 0.3362 \cdot x(2) + 0.0807 \cdot x(3) + 2.0452 \cdot x(4) + 0.0152 \cdot x(5) + 0.4334 \cdot x(6) + 0.0405 \cdot x(7) + 0.0042 \cdot x(8) + 0.6275 \cdot x(9)$

4.2.5.3 环境损失目标函数

$\text{Min} f_2(x) = 5.04601\text{E-07} \cdot x(1) + 0.001837142 \cdot x(2) + 5.79813\text{E-05} \cdot x(3) + 0.063145979 \cdot x(4) + 2.86093\text{E-06} \cdot x(5) + 0.003208078 \cdot x(6) + 6.25044\text{E-05} \cdot x(7) + 5.90688\text{E-08} \cdot x(8) + 0.003469702 \cdot x(9)$

4.2.6 模拟结果

通过优化模型进行模拟，结果见表 4-46，计算结果与牡丹江市实际情况基本吻合，模型是可行的。

模型预测结果表 表 4-46

序号	行业	单位	2015 年产量	模型计算产量	产值系数（万元/t）	2015 年产值（万元）	模型预测产值（万元）
1	煤炭开采和洗选业	t	968680	975141	0.002276	2100	2219
2	农副食品加工业	t	133240	119945	0.374919	44270	44970
3	饮料制造业	t	188942	209057	0.355856	71987	74394
4	非金属矿物制品业	t	595083	586258	0.087895	57878	51529
5	造纸及纸制品业	t	188377	168420	1.202678	186036	202556
6	石油加工、炼焦及核燃料加工业	t	23537	24891	0.653533	15918	16267
7	化学原料及化学制品制造业	t	101833	100563	0.354783	35389	35678
8	橡胶制品业	条	4935808	5095179	0.024849	112499	126612
9	原油加工及石油制品制造	t	52100	40917	0.262371	9859	10735
10	医药制造业	万支	63258	76687	2.250749	172067	172603
11	黑色金属冶炼业及压延加工业	t	105000	109849	0.222258	25200	24415
12	专用设备制造业	t	15161	14773	9.208450	130316	136034
13	通用设备制造业	万台	100	100	354.5263	33680	35453
14	交通运输设备制造业	套、辆	24972	25315	0.595250	15000	15069
15	电力、热力的生产和供应业	吉焦	12060977	12235265	0.017602	222550	215367
16	烟草制品业	箱	159393	162658	0.506262	86098	82348
17	木材加工及竹、藤、棕、草制品业	m²	12460	136574	0.109305	14553	14928
	合计					1235399	1261177

4.3 牡丹江产业结构调整方案

4.3.1 决策变量的设置

作为模型中最重要的决策变量，行业的选择涉及整个系统模型，是全局决策变量，它们既可对系统的状态和发展趋势给予详细的描述，又涉及决策者所关心的主要问题。工业产业结构是工业内部各部门、各行业的比例关系，这种比例关系可以用产量或产值来表示。从水环境的角度考虑工业结构的优化，就是在达到水环境目标的前提下，对工业体系内各行业之间的相互比例关系、发展速度和所产生的主要水体污染物的数量关系进行优化调整，优化过程是一个动态过程，在不同的地区、不同的产业发展阶段和时间上优化的内容不同。本研究针对牡丹江流域的工业行业现状，选取对水污染贡献较大的、产品能进行统一核算的主要工业行业进行定量研究，选择参与优化的决策变量包括煤炭开采和洗选业等 21 个行业，见表 4-47。决策变量的选择是以研究区的各项指标的历史数据为基础，从研究区的社会经济、工业用水、污染排放情况以及产业发展方向等方面，综合考虑相关资料的可操作性，设置了 21 个决策变量。

模型的决策变量　　表 4-47

决策变量	变量名称	决策变量	变量名称
x_1	煤炭开采和洗选业	x_{12}	铁路、船舶、航空航天和其他运输设备制造
x_2	农副食品加工业	x_{13}	交通运输设备制造业
x_3	饮料制造业	x_{14}	通用设备制造业
x_4	橡胶制品业	x_{15}	金属制品、机械和设备修理业
x_5	非金属矿物制品业	x_{16}	烟草制品业
x_6	造纸及纸制品业	x_{i7}	化学原料及化学制品制造业
x_7	石油加工、炼焦及核燃料加工业	x_{18}	木材加工及竹、藤、棕、草制品业
x_8	医药制造业	x_{19}	通信设备、计算机及其他电子设备制造业
x_9	黑色金属冶炼业及压延加工业	x_{20}	黑色金属矿采选业
x_{10}	电力、热力的生产和供应业	x_{21}	非金属矿采选业
x_{11}	其他制造业		

4.3.2　约束条件

约束条件是实现目标函数的限制因素，主要限于与工业结构关系密切的水资源需求、社会需求和生态环境要求三个方面。根据研究区域的国民经济和社会发展目标以及相关规划控制指标和预测值，选出与工业结构关系密切的约束条件，确立约束值并建立约束方程。以 2012 年为基准年，2020 年、2025 年为近、中期规划水平年，具体分析如下：

4.3.2.1　经济约束

在分析牡丹江流域经济社会环境的基础上，预计 2020 年经济发展还处在一个中低速增长的阶段，结合牡丹江国民经济和社会发展"十二五"规划，"十二五"期间牡丹江经济发展速度为 8% ~ 10%；"十三五"为 6% ~ 8%；"十四五"为 5% ~ 6%。"十三五"和"十四五"期间牡丹江市仍处于工业化中期，产业结构将继续保持"三、二、一"产业格局，三大产业对生产总值增长的拉动依次为第三产业＞第二产业＞第一产业。规划水平年预测结果见表 4-48。

牡丹江流域 GDP 预测结果及三产比例（单位：亿元）　　　　　表 4-48

年份	GDP	第一产业 GDP	第二产业 GDP（工业总产值）	第三产业 GDP	第一产业比重	第二产业比重	第三产业比重
2012	1093	189	438（167）	465	17%	40%	43%
2015	1186	221	514（124）	414	19%	38%	43%
2020	1937	329	736（309）	872	17%	38%	45%
2025	2592	389	1011（398）	1192	15%	39%	46%

4.3.2.2 工业用水量约束

工业用水量为所取用新水与重复利用水量之和。工业用水重复利用率就是指在一定的时间内，生产过程中使用的重复利用量与总用水量之比。科技的进步和节水措施的实施使水的重复利用率逐渐提高，而万元产值取水量不断减少。当重复利用率增长到一定程度后，再提高就比较困难，因此重复利用率增长变缓。工业取水、工业用水主要依据牡丹江国民经济和社会发展计划纲要以及规划年远景目标，以工业总产值平均增长率作为控制指标来进行预测。

本研究中工业用水量预测采用万元产值用水量方法，用现状年万元产值或预测水平年万元产值乘以工业万元产值用水水量定额。2006～2015 年牡丹江单位工业总产值用水量和新水量数据见表 4-49，利用其中 2012 年牡丹江单位工业总产值用水量和新水量数据表征今后一段时间内单位工业总产值用水及新水系数的变化趋势，具体见表 4-50。

2006～2015 牡丹江单位工业总产值年用水量　　　　　表 4-49

年份	工业总产值（亿元）	单位工业总产值用水量（t/万元）	单位工业总产值新水量（t/万元）
2006	67.6	109.2	33.3
2007	80	92.5	30.6
2008	96	173.5	98.5
2009	91	168	100.2
2010	144.7	131	68
2011	146	97.5	33.95
2012	167.12	270.59	30
2013	158.77	291.76	26.23
2014	209.15	428.17	29.13
2015	123.54	329.08	17.60

牡丹江工业用水量预测结果（单位：万 t）　　　　表 4-50

年份	工业用水量	新鲜水量	重复用水量
2012	45220	5013	40207
2015	40654	2175	38479
2020	83458	9273	74185
2025	107531	11948	95583

4.3.2.3　工业废水及污染物排放约束

采用排污强度预测工业废水和污染物排放量。排污强度是指单位工业总产值产出的废水或污染物的排放量。

2006 ~ 2012 年牡丹江单位工业总产值工业废水及污染物排放情况　　　表 4-51

年份	工业废水排放量（万 t）	COD 排放量（t）	氨氮排放量（t）	废水排放强度（t/万元）	COD 排放强度（t/万元）	氨氮排放强度（t/万元）
2006	1786.11	14161.3	66.52	26.42	20.95	0.10
2007	1944.01	13841.4	69.60	24.32	17.32	0.09
2008	2210.6	14071.7	780.39	23.03	14.66	0.81
2009	1851.63	15215.4	800.15	20.32	16.70	0.88
2010	2333.45	15812.6	321.01	16.13	10.93	0.22
2011	2717.63	5104.39	326.97	18.61	3.50	0.22
2012	2051	5843	84	12.27	3.5	0.05

2006 ~ 2012 年牡丹江单位工业总产值废水和 COD 排放系数的数据见表 4-51，由于数据差距较大，采用其中 2012 年数据进行预测，表征今后一段时间内单位工业总产值 COD、氨氮排放系数的变化。采用 5 年 COD 削减 7%、氨氮削减 10% 进行计算，进而得到各规划年 COD 和氨氮的排放情况（表 4-52）。

COD、氨氮预测表　　　　表 4-52

年份	COD 排放量（t）	氨氮排放量（t）
2012	5843	84
2020	5244	71.8
2025	4877	65

4.3.3 规划年决策变量系数确定

模型决策变量系数为各行业用水系数、废水及污染物的排放系数，由于各行业的规模、产品结构、生产工艺、技术水平、措施等多种因素的原因，不同地区行业的各种效益系数不同，数值差异也比较大。随着各行业清洁水平的提高，区域内产业结构的优化和调整、循环经济的推行，必将使各个工业部门的用水和排污系数得到明显下降，在考虑到区域内的可持续发展原则和经济环境的目标约束下，各行业的发展速度和规模也将会受到限制，所以各行业的用水系数和排污强度，对整个工业的用水结构和排污结构有重要的意义，对整个工业经济的发展也有深远的影响。

结合牡丹江经济未来发展趋势及大量文献研究工作的成果和经验，对牡丹江工业部门的用水系数和排污强度进行设置选取，从而确定以下三种不同的情景方案。

情景方案一（基本治理情景）：工业按照预测趋势增长，污水处理力度小，工业清洁生产水平、排污治理工作不尽完善，工业废水污染物排放浓度较高。这是一个由现状外推得到的情景，若不实施任何措施改变现状，污染物的排放将按照此情景发展，即根据牡丹江各行业用水定额和污染物排放水平递减；

情景方案二（污染控制情景）：与全流域排放强度平均水平比较，对于优于平均水平的产业，按照自身水平提高 10% 设计，对于低于平均水平的行业参照流域内清洁生产水平较高的企业的相关数据；

情景方案三（污染控制 + 工业结构优化情景）：提升工艺水平，优化工业结构，淘汰落后小规模企业，发展循环经济等措施，水污染管理体系健全，污水处理力度大，工业清洁生产水平高，节水、排污治理效果好，水重复利用率明显提高，工业污染物均达标排放，在情景二主要行业水平的基础上各相关系数再整体提高 20%。

牡丹江 2012 年各行业污染物排放情况见表 4-53。

牡丹江 2012 年各行业污染物排放表　　　　　　　　　　表 4-53

行业	工业总产值（亿元）	工业用水量（万 t）	新鲜用水量（万 t）	工业废水排放量（万 t）	COD排放量（t）	氨氮排放量（t）
煤炭开采和洗选业	1.36	272.00	166.00	144.00	78.00	2.92
农副食品加工业	4.31	651.10	415.06	257.47	2736.18	11.27
酒、饮料和精制茶制造业	6.14	417.30	362.30	280.80	519.38	3.97
橡胶和塑料制品业	16.0631	1887.1773	170.0005	153	122	6.21

续表

行业	工业总产值（亿元）	工业用水量（万 t）	新鲜用水量（万 t）	工业废水排放量（万 t）	COD排放量（t）	氨氮排放量（t）
非金属矿物制品业	11.89	140.67	47.21	31.84	47.62	6.60
造纸和纸制品业	21.72	1869.66	963.81	841.48	1700.52	33.89
石油加工、炼焦和核燃料加工业	25.54	129.33	118.70	100.41	351.45	3.00
医药制造业	7.34	8.04	7.28	2.72	2.13	0.15
黑色金属冶炼和压延加工业	0.81	230.25	16.25	0.59	0.53	0.04
电力、热力生产和供应业	25.06	36037.09	2429.77	27.54	15.82	0.68
其他制造业	6.42	14.70	12.28	12.18	10.70	0.74
铁路、船舶、航空航天和其他运输设备制造业	4.18	81.00	65.00	18.00	16.38	0.43
汽车制造业	3.37	6.70	3.90	0.00	0.00	0.00
通用设备制造业	0.40	0.00	0.00	0.00	0.00	0.00
金属制品、机械和设备修理业	16.98	26.18	15.87	5.71	1.82	0.20
烟草制品业	10.05	30.25	28.27	18.66	73.29	0.27
化学原料和化学制品制造业	3.31	3260.54	153.64	133.21	145.47	11.99
木材加工和木、竹、藤、棕、草制品业	1.64	7.75	5.55	4.35	4.68	0.26
计算机、通信和其他电子设备制造业	0.25	0.24	0.18	0.00	0.00	0.00
黑色金属矿采选业	0.29	145.20	30.80	19.28	17.35	1.54
非金属矿采选业	0.01	5.46	1.60	0.00	0.00	0.00

4.3.4　模型求解

依据牡丹江各工业行业相关系数，根据三种情景方案设置要求，计算出各工业行业的耗水、排污系数，将其和约束值代入模型中进行计算求解。经过多次运算，通过优选，每个规划水平年得到三个优选方案，结果见表 4-54 ~ 表 4-59。

4.3.4.1　2020 年三种工业结构优化方案预测结果

2020 年牡丹江工业结构优化方案一　　　　　表 4-54

行业	工业总产值（亿元）	工业用水量（万 t）	新鲜用水量（万 t）	工业废水排放量（万 t）	COD排放量（t）	氨氮排放量（t）
煤炭开采和洗选业	2.25	431.19	185.49	146.77	60.15	3.48
农副食品加工业	7.49	865.53	488.70	275.79	3024.46	14.10
酒、饮料和精制茶制造业	12.00	619.52	476.96	232.52	472.42	5.77
橡胶和塑料制品业	27.16	2443.94	194.69	158.80	97.03	10.29

续表

行业	工业总产值（亿元）	工业用水量（万 t）	新鲜用水量（万 t）	工业废水排放量（万 t）	COD排放量（t）	氨氮排放量（t）
非金属矿物制品业	28.53	222.45	66.05	40.52	45.95	12.27
造纸和纸制品业	32.23	2041.64	931.64	455.80	1237.87	36.46
石油加工、炼焦和核燃料加工业	43.86	169.72	138.05	106.02	282.13	2.13
医药制造业	11.86	9.98	8.00	1.67	1.62	0.20
黑色金属冶炼和压延加工业	1.41	306.95	19.17	0.64	0.43	0.60
电力、热力生产和供应业	38.62	36945.05	2419.85	19.21	9.05	0.47
其他制造业	13.82	16.56	15.37	8.56	7.70	0.40
铁路、船舶、航空航天和其他运输设备制造业	10.42	141.77	100.80	25.37	17.54	0.48
汽车制造业	8.37	11.73	6.05	0.00	0.00	0.00
通用设备制造业	0.52	0.00	0.00	0.00	0.00	0.00
金属制品、机械和设备修理业	38.04	45.82	24.62	8.06	1.95	0.22
烟草制品业	25.73	47.84	39.54	23.75	70.73	0.25
化学原料和化学制品制造业	3.18	4278.71	178.69	140.65	116.78	8.51
木材加工和木、竹、藤、棕、草制品业	2.86	10.33	6.55	4.72	3.82	0.20
计算机、通信和其他电子设备制造业	0.47	0.33	0.25	0.00	0.00	0.00
黑色金属矿采选业	0.47	230.18	34.42	19.66	13.38	1.26
非金属矿采选业	0.01	7.56	2.22	0.00	0.00	0.00
合计	309.31	48846.79	5337.10	1668.50	5463.03	97.09

2020 年牡丹江工业结构优化方案二   表 4-55

行业	工业总产值（亿元）	工业用水量（万 t）	新鲜用水量（万 t）	工业废水排放量（万 t）	COD排放量（t）	氨氮排放量（t）
煤炭开采和洗选业	2.17	396.29	181.13	151.26	62.21	2.50
农副食品加工业	8.06	964.89	670.51	313.20	2617.32	13.70
酒、饮料和精制茶制造业	11.87	639.59	472.31	277.16	602.59	3.56
橡胶和塑料制品业	27.28	2517.48	213.75	167.88	141.43	5.07
非金属矿物制品业	31.15	290.94	86.39	53.88	85.61	6.63
造纸和纸制品业	30.44	2109.40	913.62	555.13	744.27	22.24
石油加工、炼焦和核燃料加工业	45.16	181.06	152.93	115.47	366.02	2.88
医药制造业	13.15	9.73	8.75	2.26	2.28	0.09
黑色金属冶炼和压延加工业	1.54	345.86	20.56	0.73	0.70	0.04
电力、热力生产和供应业	39.28	38447.94	2336.80	24.11	12.39	0.55
其他制造业	12.15	21.95	18.19	12.82	7.44	0.53

行业	工业总产值（亿元）	工业用水量（万 t）	新鲜用水量（万 t）	工业废水排放量（万 t）	COD排放量（t）	氨氮排放量（t）
铁路、船舶、航空航天和其他运输设备制造业	10.48	133.77	101.56	21.81	13.36	0.32
汽车制造业	8.45	11.07	6.09	0.00	0.00	0.00
通用设备制造业	1.00	0.00	0.00	0.00	0.00	0.00
金属制品、机械和设备修理业	42.59	43.23	24.80	6.92	1.48	0.15
烟草制品业	26.32	62.58	51.72	31.58	131.78	0.38
化学原料和化学制品制造业	3.85	4564.67	197.96	153.18	151.50	11.50
木材加工和木、竹、藤、棕、草制品业	3.11	11.64	7.02	5.40	6.20	0.27
计算机、通信和其他电子设备制造业	0.47	0.33	0.25	0.00	0.00	0.00
黑色金属矿采选业	0.46	211.55	33.61	20.26	13.84	1.32
非金属矿采选业	0.01	7.56	2.22	0.00	0.00	0.00
合计	318.99	50971.53	5500.18	1913.03	4960.42	71.72

2020 年牡丹江工业结构优化方案三　　　　　表 4-56

行业	工业总产值（亿元）	工业用水量（万 t）	新鲜用水量（万 t）	工业废水排放量（万 t）	COD排放量（t）	氨氮排放量（t）
煤炭开采和洗选业	1.93	249.80	156.53	101.00	49.67	1.78
农副食品加工业	10.02	1380.78	905.00	413.87	2722.75	15.07
酒、饮料和精制茶制造业	14.47	644.34	442.64	328.64	555.09	4.78
橡胶和塑料制品业	34.42	2662.56	248.58	164.08	119.39	5.36
非金属矿物制品业	34.19	265.76	92.09	44.96	62.51	7.05
造纸和纸制品业	32.23	1638.96	801.58	560.68	712.11	20.09
石油加工、炼焦和核燃料加工业	43.62	165.07	129.13	111.19	334.97	2.80
医药制造业	19.28	13.85	9.74	2.96	2.08	0.13
黑色金属冶炼和压延加工业	1.40	262.11	19.01	0.51	0.41	0.04
电力、热力生产和供应业	40.45	38331.63	2657.12	22.18	9.54	0.35
其他制造业	13.36	20.10	17.26	12.63	10.14	0.63
铁路、船舶、航空航天和其他运输设备制造业	10.30	131.05	91.17	20.24	16.68	0.41
汽车制造业	8.30	10.84	5.47	0.00	0.00	0.00
通用设备制造业	0.99	0.00	0.00	0.00	0.00	0.00
金属制品、机械和设备修理业	41.86	42.35	22.26	6.42	1.85	0.19
烟草制品业	28.89	57.16	55.13	26.35	96.22	0.29
化学原料和化学制品制造业	2.97	4161.44	188.00	147.51	138.65	8.66
木材加工和木、竹、藤、棕、草制品业	2.83	8.82	6.50	3.75	3.62	0.21

续表

行业	工业 总产值 （亿元）	工业 用水量 （万 t）	新鲜 用水量 （万 t）	工业废水 排放量 （万 t）	COD 排放量 （t）	氨氮 排放量 （t）
计算机、通信和其他电子设备制造业	0.47	0.33	0.25	0.00	0.00	0.00
黑色金属矿采选业	0.40	201.20	42.68	19.77	16.74	1.46
非金属矿采选业	0.01	5.01	1.51	0.00	0.00	0.00
合计	342.38	50253.18	5891.65	1986.72	4852.45	69.30

4.3.4.2　2025 年三种工业结构优化方案预测结果

2025 年牡丹江工业结构优化方案一　　　　　　　　表 4-57

行业	工业 总产值 （亿元）	工业 用水量 （万 t）	新鲜 用水量 （万 t）	工业废水 排放量 （万 t）	COD 排放量 （t）	氨氮 排放量 （t）
煤炭开采和洗选业	2.51	419.07	160.77	117.53	52.93	3.58
农副食品加工业	9.87	880.81	438.76	229.48	3261.00	16.42
酒、饮料和精制茶制造业	14.85	682.68	463.28	209.11	486.88	6.04
橡胶和塑料制品业	31.84	2447.64	171.38	131.26	99.68	12.87
非金属矿物制品业	45.29	256.42	67.11	38.19	86.59	17.84
造纸和纸制品业	29.91	1806.17	728.78	328.14	1102.58	38.21
石油加工、炼焦和核燃料加工业	53.42	171.14	122.76	87.37	305.11	2.66
医药制造业	15.12	9.67	6.84	1.32	2.40	0.45
黑色金属冶炼和压延加工业	1.64	312.83	17.23	0.53	0.60	0.50
电力、热力生产和供应业	42.89	33383.22	1928.61	14.14	11.34	0.81
其他制造业	15.82	16.93	13.87	7.13	8.70	0.52
铁路、船舶、航空航天和其他运输设备制造业	13.74	137.23	111.95	26.10	19.41	0.70
汽车制造业	11.08	11.35	6.72	0.00	0.00	0.00
通用设备制造业	1.32	0.00	0.00	0.00	0.00	0.00
金属制品、机械和设备修理业	59.86	44.35	27.34	8.28	2.71	0.40
烟草制品业	41.29	55.15	40.18	22.38	123.76	0.42
化学原料和化学制品制造业	2.93	4011.00	158.91	115.91	105.59	6.66
木材加工和木、竹、藤、棕、草制品业	4.33	10.53	5.89	3.91	4.95	0.21
计算机、通信和其他电子设备制造业	0.69	0.34	0.25	0.00	0.00	0.00
黑色金属矿采选业	0.53	223.71	29.83	15.74	11.77	1.31
非金属矿采选业	0.01	7.72	2.26	0.00	0.00	0.00
合计	398.94	44887.95	4502.70	1356.52	5686.00	109.6

2025 年牡丹江工业结构优化方案二　　　　　　表 4-58

行业	工业总产值（亿元）	工业用水量（万 t）	新鲜用水量（万 t）	工业废水排放量（万 t）	COD排放量（t）	氨氮排放量（t）
煤炭开采和洗选业	2.56	400.90	158.29	137.59	59.48	1.80
农副食品加工业	10.28	1065.67	484.59	310.83	2681.09	9.71
酒、饮料和精制茶制造业	15.30	721.43	452.31	280.72	614.12	3.62
橡胶和塑料制品业	32.39	2607.93	182.42	159.54	134.55	7.98
非金属矿物制品业	48.81	396.06	113.71	65.28	107.38	8.95
造纸和纸制品业	30.44	1967.68	693.26	461.63	647.30	16.09
石油加工、炼焦和核燃料加工业	55.52	171.02	140.96	110.68	316.32	2.12
医药制造业	16.18	10.45	8.12	2.18	1.95	0.07
黑色金属冶炼和压延加工业	1.98	384.80	23.29	0.73	0.62	0.03
电力、热力生产和供应业	44.89	38149.66	2004.13	21.50	8.50	0.38
其他制造业	15.35	24.07	17.23	12.63	5.87	0.40
铁路、船舶、航空航天和其他运输设备制造业	14.79	163.81	114.72	24.01	9.99	0.27
汽车制造业	11.93	13.55	6.88	0.00	0.00	0.00
通用设备制造业	1.42	0.00	0.00	0.00	0.00	0.00
金属制品、机械和设备修理业	60.13	52.94	28.02	7.62	1.11	0.13
烟草制品业	41.24	85.18	68.08	38.26	165.28	0.36
化学原料和化学制品制造业	2.19	3711.00	112.00	121.30	96.00	5.43
木材加工和木、竹、藤、棕、草制品业	4.01	12.95	7.96	5.40	5.50	0.20
计算机、通信和其他电子设备制造业	0.75	0.37	0.27	0.00	0.00	0.00
黑色金属矿采选业	0.54	214.01	29.37	18.43	13.23	0.95
非金属矿采选业	0.02	8.32	2.44	0.00	0.00	0.00
合计	410.70	50161.80	4648.06	1778.32	4868.29	58.50

2025 年牡丹江工业结构优化方案三　　　　　　表 4-59

行业	工业总产值（亿元）	工业用水量（万 t）	新鲜用水量（万 t）	工业废水排放量（万 t）	COD排放量（t）	氨氮排放量（t）
煤炭开采和洗选业	2.35	245.55	144.12	91.01	42.24	1.39
农副食品加工业	16.82	1298.02	694.52	363.72	2696.55	10.52
酒、饮料和精制茶制造业	16.64	575.33	459.57	274.24	452.30	2.93
橡胶和塑料制品业	41.59	2691.40	216.07	142.36	96.18	5.49
非金属矿物制品业	56.34	340.80	109.99	54.19	108.94	6.27
造纸和纸制品业	32.23	1463.15	696.02	468.26	649.85	15.73
石油加工、炼焦和核燃料加工业	64.96	191.45	149.81	120.63	387.67	2.00

续表

行业	工业总产值（亿元）	工业用水量（万t）	新鲜用水量（万t）	工业废水排放量（万t）	COD排放量（t）	氨氮排放量（t）
医药制造业	37.64	21.09	14.11	4.22	2.74	0.15
黑色金属冶炼和压延加工业	1.71	248.25	16.82	0.45	0.34	0.04
电力、热力生产和供应业	53.35	39366.13	2449.04	21.09	8.46	0.35
其他制造业	16.03	18.74	15.05	10.90	6.81	0.61
铁路、船舶、航空航天和其他运输设备制造业	20.13	168.32	101.51	22.19	17.61	0.41
汽车制造业	16.23	13.92	6.09	0.00	0.00	0.00
通用设备制造业	1.93	0.00	0.00	0.00	0.00	0.00
金属制品、机械和设备修理业	81.84	54.40	24.79	7.05	1.96	0.20
烟草制品业	47.61	73.30	65.85	31.76	106.09	0.25
化学原料和化学制品制造业	2.58	3926.00	132.00	135.00	118.00	5.56
木材加工和木、竹、藤、棕、草制品业	3.47	8.36	5.75	3.35	2.99	0.10
计算机、通信和其他电子设备制造业	0.75	0.37	0.27	0.00	0.00	0.00
黑色金属矿采选业	0.48	221.32	46.95	19.77	16.74	1.46
非金属矿采选业	0.02	4.93	1.39	0.00	0.00	0.00
合计	514.67	50930.84	5349.72	1770.19	4715.46	53.47

4.3.5 方案分析和比选

前面得到2020年、2025年牡丹江工业结构优化的三个方案及各种方案的优化值，对三个方案进行比较分析。

4.3.5.1 2020年三种工业结构优化方案比较

2020年牡丹江工业结构优化值与预测值比较   表4-60

方案	工业总产值（亿元）	工业用水量（万t）	新鲜用水量（万t）	工业废水排放量（万t）	COD排放量（t）	氨氮排放量（t）
预测值	309.00	83458.00	9273.00	2207.00	5244.00	71.80
方案一	309.31	48846.79	5337.10	1668.50	5463.03	97.09
方案二	318.99	50971.53	5500.18	1913.03	4960.42	71.72
方案三	342.38	50253.18	5891.65	1986.72	4852.45	69.30

比较三个方案及预测值，可以看出方案二和方案三工业用水量、新鲜用水量、污染物排放均在预测值约束范围内，从工业总产值来看，虽然方案一工业总产值达到了预测值的要求，但是污染物排放量均超过了预测值，显然方案一在没有进行污染物有效控制的条件下只能以牺牲环境的代价实现经济的发展。方案三实现的工业总产值最

大，在严格控制污染物排放的基础上，污染物排放比方案二有所降低。方案三可以达到工业发展的目标，同时污染物排放量均在控制指标范围内。可见方案三是理想的工业行业发展情景，如表 4-60 所示。

2020 年牡丹江工业结构优化结果   表 4-61

方案	工业增加值（亿元）	新鲜用水削减量（万 t）	COD 排放削减量（t）	氨氮排放削减量（t）
方案一	0.31	3935.9	−219.03	−25.29
方案二	9.99	3772.82	283.58	0.08
方案三	33.38	3381.35	391.55	2.5

从行业上来看，方案三节水较大的行业为造纸和纸制品业；COD 排放削减量较大的行业为造纸和纸制品业、煤炭开采和洗选业以及石油加工、炼焦和核燃料加工业；氨氮排放削减量较大的行业为造纸和纸制品业及化学原料和化学制品制造业，见表 4-61。牡丹江应重点支持橡胶和塑料制品业，石油加工、炼焦和核燃料加工业，电力、热力生产和供应业，金属制品、机械和设备修理业等几个行业；同时其支柱产业造纸和纸制品业，酒、饮料和精制茶制造业，烟草制品业宜保持适度的发展规模；在不产生新的增量的条件下稳定生产，对化学原料和化学制品制造业、黑色金属矿采选业、其他行业、非金属矿采选业采取适度发展的措施，在行业清洁生产水平没有得到提升的情况下保持现有发展速度。其他行业保持适度发展，重点支持新材料、新能源、机器人、信息产业大发展壮大。

4.3.5.2 2025 年三种工业结构优化方案比较

2025 年，方案一的污染物排放各项指标的优化结果不能达到预测值的趋势及规模要求，方案一不能作为推荐方案。从工业总产值来看，方案二和方案三均能够达到工业总产值预测值的要求，方案三能够实现产值最大化，在实行严格的污染物排放控制标准和产业结构优化的基础上实现了污染物排放的最小化，方案三是比较理想的方案，见表 4-62。

2025 年牡丹江工业结构优化值与预测值比较   表 4-62

方案	工业总产值（亿元）	工业用水量（万 t）	新鲜用水量（万 t）	工业废水排放量（万 t）	COD 排放量（t）	氨氮排放量（t）
预测值	398.00	107531.00	11948.00	2097.00	4877.00	65.00
方案一	398.94	44887.95	4502.70	1356.52	5686.00	109.60
方案二	410.70	50161.80	4648.06	1778.32	4868.29	58.50
方案三	514.67	50930.84	5349.72	1770.19	4715.46	53.47

2025 年牡丹江工业结构优化结果   表 4-63

方案	工业增加值（亿元）	新鲜用水削减量（万 t）	COD 排放削减量（t）	氨氮排放削减量（t）
方案一	0.94	7445.3	-809	-44.6
方案二	12.7	7299.94	8.71	6.5
方案三	116.67	6598.28	161.54	11.53

从行业上来看，方案三节水较大的行业为造纸和纸制品业、煤炭开采和洗选业、化学原料和化学制品制造业；COD 排放削减量较大的行业为造纸和纸制品业，农副食品加工业及酒、饮料和精制茶制造业；氨氮排放削减量较大的行业为造纸和纸制品业及化学原料和化学制品制造业，见表 4-63。

4.3.6　牡丹江流域工业结构方案优选

产业结构调整是一项涉及经济、社会、环境等各个方面的复杂工程，其转变需要一个过程，考虑到产业结构自身演变的规律性，按照"水污染防治行动计划"中全面取缔"十小"企业、专项整治十大重点行业实行主要污染物减量和"水污染防治重点行业清洁生产技术推行方案"中"推进造纸、印染等 11 个重点行业实施清洁生产技术改造，降低工业新增水用量，提高水重复利用率，减少水污染物产生，严格控制并削减行业水污染物排放总量，推动全面达标排放，促进水环境质量持续改善"的目标，结合牡丹江的实际情况，本研究认为方案三更符合发展规划，将方案三作为推荐优化方案，符合国家关于狠抓工业污染防治的要求。方案三与预测值相比较，2020 年，新鲜用水量减少 35.71%，COD 排放量减少 7.47%，氨氮排放量减少 3.48%；2025 年，新鲜用水量减少 54.72%，COD 排放量减少 1.26%，氨氮排放量减少 17.74%。与 2012 年造纸行业相比较，2020 年，工业总产值增加 48.39%，新鲜用水量减少 16.83%，COD 排放量减少 58.12%，氨氮排放量减少 40.72%；2025 年，工业总产值增加 48.39%，新鲜用水量减少 27.78%，COD 排放量减少 61.78%，氨氮排放量减少 53.58%。与 2012 年化工行业相比较，2020 年，工业总产值减少 10.27%，新鲜用水量减少 22.36%，COD 排放量减少 4.69%，氨氮排放量减少 27.77%；2025 年，工业总产值减少 22.05%，新鲜用水量减少 14.08%，COD 排放量减少 18.88%，氨氮排放量减少 53.63%。优化后工业生产总值变化情况见图 4-6，COD 排放情况见图 4-7，氨氮排放情况见图 4-8。

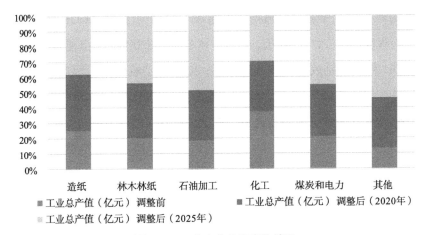

图 4-6　工业生产总值变化情况

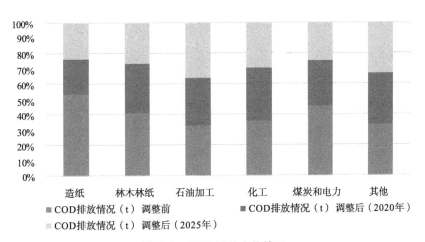

图 4-7　COD 排放变化情况

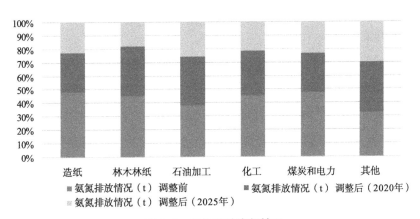

图 4-8　氨氮排放变化情况

产业结构调整前后工业总产值均有所增加（除化工行业），COD 排放量及氨氮排放量均有不同程度的减少。2020 年，造纸、林木林纸和其他行业工业总产值增加较多；造纸行业 COD 和氨氮排放量减少幅度最大；2025 年，石油加工、煤炭和电力以及其他行业工业总产值增加较多;造纸、煤炭和电力行业 COD 排放量减少幅度较大，造纸、林木林纸、化工、煤炭和电力行业氨氮排放量均有较大幅度的减少。

4.3.7 适合牡丹江流域特点的产业结构调整建议

4.3.7.1 牡丹江流域主要特点

（1）水资源时空分布不平衡

时间分配上很不均匀。正常年份水量主要集中在6～9月,占总径流量的70％以上,丰、枯水期相差悬殊。

地区分布不平衡。牡丹江市区为极重度缺水，人均水资源量和单位 GDP 水资源占有量差异显著。

（2）农业面源污染严重

牡丹江流域是"两山一平原"生态安全战略格局中中部山区农产品主产区（玉米、水稻产业带），沿岸种植业较为发达。"十二五"期间，农业源是流域的主要污染源。

（3）产业偏水度较高

牡丹江"十五""十一五"和"十二五"期间,产业偏水度较高,都在 0.6 以上（除 2012 年和 2013 年），单位产出耗水多的产业比较多。

（4）丰水期水质较差

牡丹江流域在丰水期的雨水季节,暴雨初期径流会将农田中的农药、化肥、有机质、村落垃圾、生活污染等面源污染带入牡丹江，使河流水质下降。

（5）限制开发区域

牡丹江流域位于国家重点生态功能区——长白山森林生态功能区，拥有温带完整的山地垂直生态系统，是大量珍稀物种资源的生物基因库，在国土空间开发中应限制进行大规模高强度工业化和城镇化开发。

4.3.7.2 牡丹江流域产业结构调整建议

针对牡丹江流域特点、经济发展趋势，在经济、工业用水量、工业废水及污染物排放约束条件下，结合《产业结构调整指导目录》《牡丹江市国民经济和社会发展第十三个五年规划纲要》《水污染防治重点行业清洁生产技术推行方案》《造纸产业发展政策》等文件要求，形成牡丹江流域产业结构调整建议为：优化精品农业区域布局，打造集中连片特色产业板块，提升精品农业品质和规模。围绕扩大增量，促进产业集聚和融合发展，推进工业集聚发展。在景城一体化的基础上，重点构建生态冰雪休闲旅游空间格局，拓展休闲旅游业发展空间。集聚发展优势，专业化推进现代物流等生产性服务业布局，建设物流集聚区。以特色为主导，打造现代商圈，提升商圈能级，促进传统商贸业与互联网＋的深度融合。

（1）调整农业结构，发展特色农业

1）农业生产

按照粮经饲统筹、农林牧渔结合、种养加一体的思路，加快构建现代农业生产体系。与消费市场和加工企业需求对接，建议以牡丹江中龙食品有限责任公司、海林北味天然食品有限责任公司、牡丹江隆赫达食品有限公司、黑龙江响水米业股份有限公司、牡丹江市鑫鹏食品有限责任公司等企业为依托，大力发展特色、高效、品牌、富民农业，全面提高农业综合生产能力，推进良种工程，加强农作物良种、畜禽良种，围绕打造中国绿色有机食品之都调整优化农业结构。在种植业方面，稳定种粮面积，优化粮食品种，在发展优质大米的同时，适当削减粮食生产面积，充分利用山林资源，着力发展蔬菜、食用菌、中药材、花卉、烤烟等；在养殖业方面，以生猪、肉牛产业为支柱，完善产业链，大力发展黑熊、鹿等特色畜禽和特色水产养殖。加快建立规模化养殖、标准化生产、产业化经营、社会化服务的现代畜牧业生产体系。

依托"响水大米"品牌，在牡丹江流域南部宁安市和海林市大力发展水稻种植及精深加工，延长产业链；依托优质大豆生产基地，在北部林口县大力发展大豆种植及精深加工，增加产品附加值；中部依托蔬菜基地，发展蔬菜种植业，加强对俄蔬菜出口基地建设。

依托大型肉制品加工企业，在中南部的宁安市、海林市发展生猪规模化养殖，北部林口县发展肉牛规模化养殖及精深加工水平，增加产品附加值。

牡丹江全流域依托林地资源，大力发展北药、黑木耳、山野菜等种植，建立研发基地，开展保健药品、健康食品加工。

依托资源优势，在宁安市的镜泊湖、海林市的莲花湖等湖库发展蒙古红鲌（红尾鱼）、花鲢、白鲢、鲤鱼、胖头鱼等特色水产品养殖。

拓展农业多种功能，挖掘农业生态价值、休闲价值、文化价值，推进农业与旅游休闲、教育文化、健康养生等深度融合，因地制宜发展观光农业、体验农业、创意农业等新业态，加快发展都市现代农业。

2）农业污染物减排

加强节水灌溉工程建设和节水改造。大力发展农业节水，推广渠道防渗、管道输水、喷灌、滴管等技术，完善灌溉用水计量设施，提高节水灌溉水平。

推广测土配方施肥，减少化肥的施用量。测土配方施肥面积 580 万亩以上，其中粮食作物要全部实施"测土配方"施肥技术，化肥的施用要严格按照国家标准，增加农家肥施用量。

严格控制国家明令禁止的剧毒农药的施用，减少农产品农药残留。严禁使用国家明令的 33 种农药品种，推广高效、低毒、低残留化学除草技术，推广面积 720 万亩以上。

畜禽养殖工厂化、规模化，畜、禽排泄物无害化处理。扶持宁安市渤海镇建鑫牧业、牡丹江正大实业有限公司等大型养殖企业、规模化养殖场建设粪便处理设施，鼓励社会资本投资建设有机肥处理厂，推行畜禽粪便无害化发酵技术。

搞好农作物秸秆等可再生资源的综合利用。开展秸秆还田和秸秆肥料化、饲料化、基料化、原料化和能源化利用。

（2）调整工业结构，推进结构优化

牡丹江市在未来经济的发展中要着重解决造纸、林木林纸、化工、煤炭和电力行业发展中所带来的水环境污染问题。从行业发展分析看，虽然牡丹江市造纸行业的排污系数较大，工业废水及污染物排放总量也较高，但该行业属于牡丹江长期产业发展中的基础产业，近几年规模还在不断扩大，基础较好，产值增加趋势明显，因此要保持其在工业总产值中的比重不变，但是企业必须重视加强新技术、新工艺的研发应用，推行清洁生产和节水技术，加强污染治理，防止污染物超标排放，形成牡丹江市林木林纸的规模化发展。石油加工业作为低耗水、低污染行业，由于在牡丹江市已经具有一定的行业基础，已经成为牡丹江市经济发展中的主导产业，要保持其快速增长，形成一批新的带动行业发展的骨干企业和新的经济增长点。化工行业作为石油加工业的延伸产业，在牡丹江市经济中并没有贡献其相应的产值，该行业必须控制其发展规模。煤炭和电力行业作为国民经济发展的基础行业，要保持其稳定发展，加强节能减排，尤其是电力行业作为耗水大的行业，应降低其耗水系数，减少用水总量。其他行业可作为牡丹江市经济发展的配套行业，适当加快其发展速度，保证其在总产值中达到一定比例，由此形成比较完善的牡丹江流域工业体系。

1）打造造纸和林纸一体化

扩大特种纸、铜版纸、生活用纸、农用育苗纸和纸浆的生产规模，完善产品种类，提高产品档次，拓展市场份额，使牡丹江市成为国内知名的造纸产业基地。牡丹江恒丰纸业集团有限责任公司是目前全国最大的卷烟配套用纸生产企业以及世界第三大卷烟辅料用纸供应商。以恒丰集团为龙头，发展高档次、高品质的纸浆生产，进一步调整原料结构，提高木浆比重，为区域内造纸企业提供充足的原料保证，实现进口替代；不断开发替代进口的市场紧缺的高档纸类产品，稳步提高机制纸生产规模；重点发展美术铜版纸、高档卷烟纸、铝箔衬纸、滤嘴棒纸、轻量涂布纸、浸渍纸和高档瓦楞原纸等系列产品。建立原料林基地与纸浆厂相结合的规模化生产企业，重点发展以杨木、白桦等树种为代表的材积高、木材密度大、轮伐期短的速生丰产林，建设造纸林基地，延伸产业链，提高纸制品的配套能力，加速产业结构优化升级。牡丹江市造纸企业所用设备大部分为国外进口，工艺技术成熟，装备优良。从牡丹江市造纸行业在黑龙江省的地位来看，其生产总值占全省的65%，而用水量仅为12%，废水排放量占20%，COD 排放量占6%，氨氮排放量占12%，造纸行业在黑龙江省的优势比较明显。截至 2015 年末，造纸行业工业用水量减少 2108.53 万 t，新鲜用水量减少 353.36 万 t，化学需氧量排放量减少 3206.51 t，氨氮排放量减少 57.77 t。

2）开展木材深加工

重点发展实木和复合板材加工业，以海林市为主要产地，生产以科技含量高、市场需求大的高档实木复合地板、中高密度纤维板、多功能胶合板、阻燃复合板等产品为主，注重发展以绿色环保、综合利用、复合材料和超薄、超厚等功能性人造板为特点的"节木替代型"产品，替代大径材和珍贵树种，使实木和复合板材生产向规模化、功能化、高效化、节能化等方向发展，提高产品的附加值和市场竞争力，积极将牡丹江打造成为"中国新兴板材之都"。

3）延伸石油加工产业链

进一步发展石油加工产业，结合国内外石油化工等相关产业的发展趋势，积极开发下游系列石油加工产品，延伸燃料油提取及下游深加工产业链。

4）削减化工行业

通过行业整合，减少企业数量和规模，降低污染物排放量和水资源消耗量。截至 2015 年末，化工行业企业由 9 家减少到 3 家，工业用水量减少 3311.53 万 t，新鲜用水量减少 287.67 万 t，化学需氧量排放量减少 3263.76 t，氨氮排放量减少 95.02 t。

5）推进电力行业清洁化发展

加快推进林海、龙虎山水电站等项目的建设工作。做好三间房水电站、宁安石岩水电站、林口白虎哨水电站等牡丹江流域以及海浪河流域水力资源梯次开发，建成黑龙江省水能资源开发中心和电力调峰基地。在水电开发的同时，提出牡丹江流域生态补偿建议和措施。对于工业用水量和取水量大的企业要加强清洁化改造，应降低其耗水系数，减少用水总量和取水量。

6）整合建材行业资源

重点加强水泥企业的资源整合，支持区域内水泥落后产能改造，鼓励企业应用新型干法水泥生产技术，采用低品位原（燃）材料和工业废渣做原料、混合材料。

7）推动生物医药产业

加快发展现代中药产业，积极开发北药资源。推行中药材标准化种植，扩大人参、高丽参、西洋参、防风、龙胆草、刺五加、黄芩、黄芪、平贝等中药材种植面积，积极提高中成药饮片、颗粒、膏剂等产品知名度。引进先进技术，整合区域医药资源。重点发展中药材规范化种植（GAP）和中药饮片产业化；重点开发脑心通片剂、苦碟子粉针与丹红水针、胰胆康颗粒和银选停胶囊等治疗心脑血管、胰胆和皮肤等疑难病症的新药，开发熊胆粉清热解毒系列和人参皂甙等滋补保健系列产品。加速培育一批有技术领先优势、有自主知识产权、有地方特色的中药生产企业，扩大生产规模，提高中药现代化水平，打造集生产、销售、科研一体化的现代中药产业链。

8）推进烟草行业发展

牡丹江市是黑龙江省重要的烟叶种植基地，烟叶种植面积占全省的35%左右，烤烟产量占全省30%左右，卷烟产量占全省总产量的30.5%。整合区域内烟草种植、加工及配套生产要素资源，完善产业链条，提高原材料就地加工比重，对企业进行技术改造，提升烟叶复烤加工质量，打造包含卷烟加工和辅料生产的烟草加工产业链，依靠科技手段，降低烟草的有害成分，提升产品品质，形成东北地区重要的烟草加工基地。

从水资源的角度看，牡丹江流域无论工业用水量还是新鲜用水量都有较为充裕的空间，水资源不是限制牡丹江市经济发展的制约因素，但在发展中需要控制废水的排放和污染物的排放，化学需氧量和氨氮的环境容量有限，在控制污染物排放的基础上，牡丹江市可以大力发展经济，促进环境与经济的协调发展。

（3）发展现代服务业，提升旅游发展水平

加快发展现代服务业，坚持市场化、产业化、社会化和国际化方向，按照"扩大总量、提高比重、优化结构、提高水平、拓展领域、增加就业、增强功能、规范市场"的方针，大力发展现代服务业，显著提高服务业增加值比重、就业比重和服务贸易比重，打造黑龙江省东南部消费中心。

1）提升物流通道

以铁路、公路、航空及配套设施建设为重点，加强和完善交通运输基础设施建设，扩大物流通道疏运能力。铁路方面：加快哈牡城际高速铁路和绥牡铁路建设，提高铁路对外运输能力；构建辐射区域内外的城市群大容量快速铁路运输网络，形成衔接"长吉图"区域、连接朝鲜半岛的铁路网络，促进与临省及东北亚区域的经贸合作；加快牡绥铁路扩能改造项目，提升铁路运输和承载能力。积极与俄罗斯远东地区政府磋商，筹划绥芬河—海参崴、东方港准轨铁路工程建设。公路方面：使鹤大、绥满等国道实现二级公路贯通。建设丹阿公路东宁至省界段、东宁至永胜段、永胜至马桥河段、八面通至鸡西穆棱界段，使牡丹江市东部形成北起穆棱、南至东宁并与吉林省路网顺适衔接的沿边一级公路走廊；加强与俄罗斯远东地区的协商与沟通，筹划绥芬河至海参崴高等级公路项目，扩展出境通道运输能力。航空方面：加快海浪机场迁建工程，更好地发挥航空口岸在沿边开放先导区建设和发展中的作用。《产业结构调整指导目录》（2015 年本）中鼓励"铁路新线建设、既有铁路改扩建、客运专线、高速铁路系统技术开发与建设，机场建设和国省干线改造升级、农村公路建设"。产业结构调整建议中提出的"以铁路、公路、航空及配套设施建设为重点，加强和完善交通运输基础设施建设，扩大物流通道疏运能力"属于《产业结构调整指导目录》的鼓励类项目。

2）构建"东北亚休闲都会"

以牡丹江作为国际生态冰雪与避暑度假目的地为目标，构建实施旅游空间布局。针对牡丹江城市、旅游资源、客源市场特点，重点建设以下旅游产业集聚区：

镜泊湖—渤海国旅游产业集聚区：包括镜泊湖风景区、镜泊峡谷、火山口森林公园、小北湖、渤海国上京龙泉府遗址、响水稻作主题公园、渤海镇、东京城镇、响水镇等。按照国际化要求，将高品级旅游资源转变成为国际性旅游产品，提升产品的服务水平，打造成为集东北亚文化深度体验、湖滨观光、休闲度假、生态科普、火山遗迹观光、稻作文化体验等于一体的综合型旅游目的地。

中国雪乡—海浪河旅游产业集聚区：包括中国雪乡、雪乡国家级森林公园、亿龙水上风情园等。充分利用中国雪乡的溢出效应，在雪乡沿线发展赏雪、玩雪、滑雪等冰雪主题项目；借助亿龙水上风情园庞大旅游客源，沿海浪河打造夏季避暑滨水体验带。

林海雪原旅游产业集聚区：包括威虎山影视城、威虎山主峰、东北虎林园、横道河子镇、横道河子滑雪场等。旅游资源的整合，将文化影视资源、俄罗斯风情资源、历史文化资源、东北虎生态资源、威虎山森林资源、滑雪场资源整体开发，引入创意文化元素，打造时尚、文化潮流产品。

莲花湖旅游产业集聚区：包括莲花湖风景名胜区、林口县莲花峰、雾凇谷、八女投江殉难纪念地等。依托莲花湖省级风景名胜区，重点开发莲花湖滨水旅游、滨水运动产品、莲花峰山地森林旅游、雾凇谷冰雪旅游、八女投江纪念地红色旅游系列产品。

《产业结构调整指导目录》（2015 年本）中鼓励"休闲、登山、滑雪、潜水、探险等各类户外活动用品开发与营销服务，乡村旅游、生态旅游、森林旅游、工业旅游、体育旅游、红色旅游、民族风情游及其他旅游资源综合开发服务和旅游基础设施建设及旅游信息服务"。产业结构调整建议中提出的"以牡丹江作为国际生态冰雪与避暑度假目的地为目标，构建实施旅游空间布局"属于《产业结构调整指导目录》中的鼓励类项目。

3）提高生活污水集中处理率

针对牡丹江流域污水集中处理率较低的现状，根据需要在流域内新建污水处理厂，建设宁安市、海林市、林口县等所辖乡镇（宁安市江南朝鲜满族乡、东京城、渤海镇、海林市长汀镇、林口县柳树镇、古城镇、刁翎镇等）的排污管网及污水处理厂，同时不断升级改造已有的污水处理厂，提高除磷脱氮的效果，确保污水处理率达到 95% 的目标，污水处理达标排放率 100%。

本建议已为"牡丹江市水污染防治工作方案"中水资源管理、控制污染物排放、经济结构转型、保障水生态环境安全等方面提供良好的技术支撑；同时也为"牡丹江市国民经济和社会发展规划"中工业发展、新农村建设、服务业发展及生态文明建设提供了有效的技术支持。

通过产业调整实施，预计到"十四五"末期，牡丹江流域在 2010 年的基础上，工业污染源化学需氧量削减约 10000 t，氨氮削减约 250 t；生活污染源化学需氧量削减约 11000 t，氨氮削减约 1000 t；农业源化学需氧量削减约 13000 t，氨氮削减约 300 t。牡丹江地区水环境质量总体改善，水生态系统得到全面保护。

4.4 小结

通过对牡丹江的三产结构进行分析，可以知道牡丹江市典型的"三、二、一"产业格局。通过工业行业特征分析可以知道，牡丹江经济支柱行业为石化行业，而排污比较严重的行业为石化行业和造纸行业。通过对流域内工业排污特征的分析和耗水的状况，初步得出牡丹江产业结构调整的方向，设法降低目前高耗水产业部门的耗水系数，即降低单位产出的耗水量，重点关注行业：烟草制品业、石油加工、炼焦及核燃料加工业。降低单位产值耗水大的部门的产值，压缩其生产量，必要时，要实行关停，重点关注产业化学原料及化学制品制造业、造纸及纸制品业；改造提升这些传统产业，提高产品科技含量，促进企业节能减排、提档升级，实现裂变式发展；增加单位产值耗水少的产业部门的产值比例,促进其发展,使产业结构的重心向单位产出耗水少的方向移动,促进耗水少、排污少的产业的发展。

　　利用多目标线性规划的方法构建了牡丹江产业结构调整优化模型,经过验证,模型应用到牡丹江产业结构优化中,并根据牡丹江经济发展速度对牡丹江经济、用水和排污情况进行了预测,利用建立的模型对牡丹江 2020 年和 2025 年近中期进行了模型模拟,分别给出了三种可能的方案,并对三种方案的可行性进行了对比分析,对牡丹江工业结构调整给出了初步的建议。

第 5 章
结 论

5.1 牡丹江流域水环境特征

本书收集分析了"十五""十一五""十二五"期间牡丹江流域水资源、水质和污染排放数据,并结合实地监测进行水环境质量分析,揭示了牡丹江流域水质演变规律,并从水资源开发利用、水环境质量和污染物排放三方面分析流域污染水环境特征。牡丹江流域水环境特征问题主要包括:面源污染严重、生活污染排放增加造成河流污染加重、城区污水处理厂污染物去除率需继续提高和污水收集率不高,人类活动是流域水污染的主要驱动力。

5.2 牡丹江流域产业结构调整与优化

开展牡丹江流域经济发展与水环境关系研究,系统探讨产业结构偏水度、经济结构演变、产业结构演变与水环境质量变化的关联性,构建了牡丹江流域经济增长与水环境质量关系模型。研究结果表明:在环境指标中,只有生活污水排放量随着人均GDP 的增加而增加,其他指标(废水排放总量、生活污水化学需氧量排放量、高锰酸盐指数及油类物质排放量)整体上都呈现下降的趋势。

综合分析"十五""十一五""十二五"期间牡丹江流域三产结构、工业行业特征及污染物排放特征,借助于多目标决策方法,建立了基于经济、资源、水环境为约束的工业产业结构调整优化模型,以资源合理利用、污染物排放总量控制为前提,以经济稳定增长为核心,针对水资源、经济发展和污染物排放协调发展的目标,依据牡丹江流域工业部门的用水系数和排污强度,通过系统分析确定了三种不同的情景方案。研究结果表明:按照"污染控制 + 工业结构优化情景"优化方案配置,"十三五"末,新鲜用水量减少 35.71%,COD 排放量减少 7.47%,氨氮排放量减少 3.48%;"十四五"末,新鲜用水量减少 54.72%,COD 排放量减少 1.26%,氨氮排放量减少 17.74%。"十三五"末,造纸、林木林纸和其他行业工业总产值增加较多;造纸行业 COD 和氨氮排放量减少幅度最大；"十四五"末，石油加工、煤炭电力以及其他行业工业总产值增加较多；造纸和煤炭电力行业 COD 排放量减少幅度较大，造纸、林木林纸、化工、煤炭和电力氨氮排放量均有较大幅度的减少。

5.3 牡丹江流域管理减排

在牡丹江全流域实施特色农业发展战略，壮大以高效经济作物、畜牧、食用菌为主的优势特色产业，依托地方优势特色绿特农产品资源和绿特农产品种植、养殖基地建设，打造"绿色有机食品之都"。

根据牡丹江流域主要污染状况及各控制单元产业结构分析，结合适合牡丹江流域产业结构优化调整方案，建议在市区控制单元重点发展造纸行业和石油加工行业；在宁安市控制单元重点发展农副产品加工和建材行业；在海林市控制单元重点发展木材行业和烟草行业；在林口县控制单元重点发展农副产品加工和烟草行业。在流域主要产业园内培育新材料产业，打造黑龙江省重要新型建材研发和出口加工基地。

强化牡丹江以俄罗斯风情为引领的夏季避暑、冬季冰雪的特色旅游发展思路，推进镜泊盛景、渤海古国、林海雪原、中国雪乡、国际商都大型旅游集聚区建设和镜泊小镇、莲花小镇、三道关小镇、渤海镇、横道镇、大海林农场等六个旅游名镇建设，构建"一城、三区、六个名镇"的产业格局，创新旅游管理体制和发展机制，优化景区经营机制和产业融合发展机制，推进旅游产业向全面化升级。

参考文献

[1] 李兆前. 发展循环经济是实现区域可持续发展的战略选择 [J]. 中国人口、资源与环境, 2002, 12（4）: 51-56.

[2] 金乐琴, 刘瑞. 低碳经济与中国经济发展模式转型 [J]. 经济问题探索, 2009, 1（5）: 84-87.

[3] 曾嵘, 魏一鸣, 范英等. 人口、资源、环境与经济协调发展系统分析 [J]. 系统工程理论与实践, 2000, 20（12）: 1-6.

[4] 吴玉萍, 董锁成, 宋键峰. 北京市经济增长与环境污染水平计量模型研究 [J]. 地理研究, 2002, 21（2）: 239-246.

[5] 王西琴. 水环境保护与经济发展决策模型的研究 [J]. 自然资源学报, 2001, 16（3）: 269-274.

[6] 王西琴, 周孝德. 区域水环境经济系统优化模型及其应用 [J]. 西安理工大学学报, 1999, 15（4）: 80-85.

[7] Grossman G M, Krueger A B. Environmental Impacts of A North American Free Trade Agreement. Woodrow Wilson School, Princeton, NT. 1992.

[8] Shafik N, Bandyopadhyay S. Economic Growth and Environmental Quality: Time Series and Cross Country Evidence. Background Paper for World Development Report 1992, World Bank, Washington, DC. 1992.

[9] 沈锋. 上海市经济增长与环境污染关系的研究——基于环境库兹涅茨理论的实证分析 [J]. 财经研究, 2008, 34（9）: 81-90.

[10] 王宜虎, 崔旭, 陈雯. 南京市经济发展与环境污染关系的实证研究 [J]. 长江流域资源与环境, 2006, 15（2）: 142-146.

[11] 苏伟, 刘景双. 吉林省经济增长与环境污染关系研究 [J]. 干旱区资源与环境, 2007, 21（2）: 37-41.

[12] 徐建新, 张巧利, 雷宏军等. 基于情景分析的城市湖泊流域社会经济优化发展研究 [J]. 环境工程技术学报, 2013, 3（2）: 138-146.

[13] 杨珂玲, 张宏志. 基于产业结构调整视角的农业面源污染控制政策研究 [J]. 生态经济, 2015, 31（3）: 89-92.

[14] 李娜. 山东省淮河流域经济发展与水环境耦合关系研究 [D]. 南京: 南京大学, 2012.

[15] 李明. 详解 MATLAB 在最优化计算中的应用 [M]. 北京: 电子工业出版社, 2011.

[16] 李娜, 王腊春, 谢刚等. 山东省辖淮河流域河流水质趋势的灰色预测 [J]. 环境科学与技术, 2012, 35（2）: 195-199.

[17] 刘耀彬. 城市化与生态环境耦合机制及调控研究 [M]. 北京: 经济科学出版社, 2007.

[18] 邱健. 产业结构演变的环境效应及其优化研究 [D]. 长沙: 湖南大学, 2008.

[19] 卫蓉 . 水资源约束下的产业结构优化研究 [D]. 北京 : 北京交通大学 ,2008.

[20] 龚琦 . 基于湖泊流域水污染控制的农业产业结构优化研究——以云南洱海流域为例 [D]. 武汉 : 华中农业大学 , 2011.

[21] 孙颖 . 水环境约束下洱海流域产业结构优化研究 [D]. 武汉 : 华中师范大学 , 2016.

[22] 赵海霞 , 王梅 , 段学军 . 水环境容量约束下的太湖流域产业集聚空间优化 [J]. 中国环境科学 , 2012, 32（8）:1530-1536.

[23] 徐鹏 , 高伟 , 周丰等 . 流域社会经济的水环境效应评估新方法及在南四湖的应用 [J]. 环境科学学报 , 2013, 33（8）:2285-2295.

[24] 彭亚辉 , 周科平 . 东江湖流域产业结构变迁与水环境响应研究 [J]. 江西农业大学学报 , 2014, 36（5）:1152-1158.

[25] 赵海霞 , 董雅文 , 段学军 . 产业结构调整与水环境污染控制的协调研究——以广西钦州市为例 [J]. 南京农业大学学报（社化会科学版）, 2010, 10（3）:21-27.

[26] 戴越 . 基于产业部门视角的经济增长结构变迁效应研究 [J]. 统计与决策 , 2014, 5:146-148.

[27] 王西琴 , 高伟 , 张家瑞 . 区域水生态承载力多目标优化方法与例证 [J]. 环境科学研究，2015,28（9）:1487-1494.

[28] 孙颖 , 朱丽霞 , 丁秋贤等 . 多目标决策模型下洱海流域产业结构优化 [J]. 农业现代化研究 , 2016,37（2）:247-254.

[29] 王丽君 . 我国产业结构变迁对经济增长影响的区域差异化研究 [D]. 上海 : 上海师范大学 ,2015.

[30] 刘继展 , 李萍萍 . 江苏太湖地区多目标的农业结构优化设计 [J]. 农业现代化研究 , 2009, 30（2）:175-178.